영국 과...

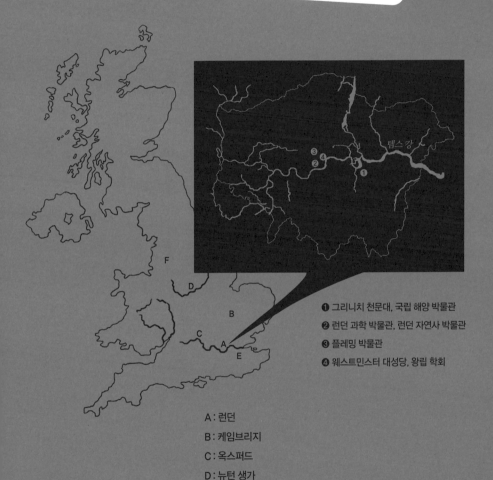

템스강

❶ 그리니치 천문대, 국립 해양 박물관
❷ 런던 과학 박물관, 런던 자연사 박물관
❸ 플레밍 박물관
❹ 웨스트민스터 대성당, 왕립 학회

A : 런던
B : 케임브리지
C : 옥스퍼드
D : 뉴턴 생가
E : 다운 하우스
F : 맨체스터 과학 · 산업 박물관

과학 선생님,
영국 가다

교과서 들고 떠나는
세계과학문화기행

과학 선생님,
영국 가다

한문정 · 김태일 · 김현빈 · 이봉우 지음

정훈이 그림

푸른숲주니어

과거, 현재, 미래가

살아 있다.
꿈틀거린다!

"뉴턴은 사과나무에서 사과가 떨어지는 것을 보고 만유인력의 법칙을 발견했지요."

"선생님, 그 사과나무가 아직도 있나요?"

"글쎄……. 벌써 400년이나 지났는데 살아 있을까?"

과학 수업을 하다 보면 해마다 뉴턴의 사과나무 이야기가 나온다. 정말 뉴턴이 살던 집에는 아직도 그 사과나무가 있을까? 그래서 해마다 봄이면 향기로운 꽃을 피우고 뉴턴이 만유인력을 깨닫던 그 순간처럼 열매를 떨어뜨리며 세월의 흐름을 지켜보고 있을까? 가서 눈으로 확인하고 싶었다. 그리고 그 사과나무, 아니면 나무가 있던 자리라도 찍어 와 아이들에게 보여 주면서 이야기꽃을 피우고 싶었다.

뉴턴의 생가가 있는 영국은 과학의 오랜 역사를 품고 있는 나라이다.

뉴턴에서 시작해 원자설을 제안했던 돌턴, 전기와 자기에 대한 기본 법칙을 찾아낸 패러데이, 생물 진화론을 창시한 다윈, DNA의 구조를 밝혀낸 왓슨과 크릭, 페니실린을 발견한 플레밍 등 유명한 과학자들을 배출한 곳.

그들의 발자취와 역사적 발견의 현장을 찾아보겠다는 열망이 마음 한 구석에 늘 자리 잡고 있었다. 그러다 마침내 나와 같은 꿈을 지닌 세 명의 과학 교사와 함께 과학 문화 기행을 떠날 좋은 기회를 만났다. 일정상 첫 번째 목적지는 프랑스가 되었고, 두 번째가 영국으로 정해졌다. 두 나라로 출발하기 10개월 전부터 우리는 2주에 한 번씩 만나 어떤 곳에 가서 무엇을 보아야 할지 의논했다.

그런데 영국은 보아야 할 곳이 너무 많아, 정해진 일정에 다 아우르기 어려울 정도였다. 과학사의 굵직한 줄기를 만든 뛰어난 과학자들의 흔적이 곳곳에 남아 있을 뿐만 아니라 지금도 케임브리지와 옥스퍼드 대학이 과학 분야에서 전 세계 대학들 가운데 1, 2위를 다투고 있을 만큼 뛰어난 성과를 거두고 있고, 세계적인 규모의 과학 박물관과 자연사 박물관을 갖추고 있기 때문이다.

드디어 영국행! 우리는 설레는 마음으로 유로스타를 타고 해저 터널을 통해 도버 해협을 건넜다. 해리포터가 킹스크로스 역의 $9\frac{3}{4}$ 플랫폼을 통과해 마법 학교로 가는 기차를 처음 탔을 때의 설렘이 우리의 심정과 같았을까? 오랜 시간의 터널을 지나 과학이라는 마법이 살아 있는 고향으로 들어가는 느낌이었다.

영국은 역시 볼거리로 넘쳐났다. 전통과 현대가 생동감 넘치게 어우러져 있는 런던 거리는 살아 있는 박물관이라고 해도 과언이 아니었다. 산업 혁명을 이룩한 공장 굴뚝이 있던 자리에는 금융, 문화 콘텐츠, 그리고 첨단 과학의 기운이 꿈틀거렸다.

그곳을 돌아보면서 내가 가르치고 있는 아이들이 계속 떠올랐다. 미래학자 앨빈 토플러가 《부의 미래》에서 말했듯 세계화로 국경의 의미가 점차 사라지고 있으며, 시장이나 직업 역시 세계를 무대로 하면서 개인이 선택할 수 있는 공간의 범위가 더욱 넓어지고 있다. 더 넓어진 세계 무대에서 살아갈 우리 청소년들이 과학사의 흐름을 보는 눈을 틔우는 데 이 책이 조금이라도 보탬이 되었으면 좋겠다. 우리의 꿈을 믿고 그 꿈을 실현시켜 준 푸른숲의 청소년팀을 비롯한 모든 분들께 감사드린다.

2007년 10월

김태일

차례

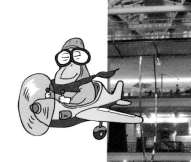

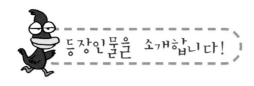

등장인물을 소개합니다!

한문정
(한샘)

책과 영화와 여행을 좋아하는 만년 문학 소녀로, 일명 '한 디테일'이라 불린다. 아무리 사소한 얘깃거리라도 한샘의 입을 거치면 드라마를 보듯 실감 나기 때문! 과학사에 정통하며 논리와 감성이 어우러진 과학 교육을 꿈꾼다. 유럽에서 와인의 참맛을 배워 매일 저녁 와인에 푸욱 빠져 산다는 후문이……

김태일
(김샘)

타의 추종을 불허하는 성실 맨이자 외유내강의 본보기. 뒤늦게 타오른 배움에의 열정으로 물리교육과 박사 과정에 재학 중이다. 무던하고 낙천적이라 어지간해서는 스트레스를 받지 않지만, 지나가면서 부딪치고도 은근슬쩍 넘어가는 사람들은 못 참는다. 과학 중에서도 실험을 좋아해 실험에 관련된 글들을 여러 매체에 기고해 왔다. 특기는 특이하게도 밥 먹자마자 설거지하기!

김현빈
(빈샘)

다정다감하고 누구와도 잘 어울리는 친화력의 소유자. 자타 공인 '지구 마니아'로, 광물과 지층 구조, 화석 등에 애착이 많고 지구 환경에 대한 걱정으로 밤잠을 설친다. 자기 주장을 내세우기보다는 사람들의 의견에 귀기울이며 교통 정리를 해 주어 '총무' 역할에 제격이다. 고민 많고 외로운 자여, 모두 빈샘의 품으로 오라~

**이봉우
(이샘)**

이번 여행의 일정과 교통편, 자료를 담당한 '준비의 달인'. 가족과의 놀이에도 철저한 사전 조사 없이는 움직이지 않아, 꼼꼼함을 넘어선 소심함의 진수를 발휘한다. 거의 모든 잡기에 능해, 도박을 좋아하진 않지만 못하는 도박은 없을 정도. 연구와 취미, 특기가 모두 컴퓨터인 컴 마니아이자, 사람에 대한 배려심이 깊어 일명 '매너리(Lee)'로 통한다.

김민규

아빠(김샘)의 영향일까? 초등학교 4학년이라곤 믿기지 않을 만큼 과학 지식이 풍부하며 힘든 여정도 불평 없이 소화해 내는 조숙함을 보여 준다. 좋아하는 것은 동물, 피아노, 과학, 태권도, 수학, 마린 블루스, 노래, 그림, 독서. 싫어하는 것은 해파리 냉채, 선생님께 말대꾸하기. 장래 희망은 수의사와 동물보호협회 회장. 과학뿐만 아니라 신화와 예술 분야에도 눈을 반짝이는 호기심 소년~

최석원

엄마(한샘)의 짐꾼 자격으로 여행에 참가한 4차원 엉뚱 소년. 공부보다는 만화와 컴퓨터 게임을 좋아하며, '잘 먹어야 구경도 잘 한다!'라는 원칙의 소유자. 어른도 생각지 못한 신선한 아이디어를 곧잘 내놓으며, 옳다고 생각하는 것에 대해서는 굽힘이 없는 똑 부러지는 성격이다. 민규와 있을 땐 개구쟁이 아이로, 선생님들과 함께 있으면 어엿한 중학생으로 모습을 뒤바꾸는 변신의 귀재!

1 시간과 공간의 중심에 서다
그리니치 천문대

:: **관련 단원**

중학교 과학 2 **지구와 별** | 고등학교 과학 **태양계와 은하**
고등학교 지구과학 1 **신비한 우주**
고등학교 지구과학 2 **천체와 우주**

공간의 중심

런던에서 맞는 첫 아침은 '상쾌함'이란 말이 절로 떠오를 만큼 청명
했다. 파리에서는 찜통 같은 8월의 더위를 느꼈다면, 런던에서는 서늘
한 10월의 아침을 맞는 느낌이었다. 파리와 런던은 기차로 두세 시간밖
에 걸리지 않는 거리인데 기후가 이렇게 뚜렷이 다르다는 것이 놀라웠
다. 북쪽으로 오면서 위도가 높아져 태양의 고도가 낮아진 데다 해양성
기후 때문에 런던이 여름에 더 시원하다는 것은 알고 있었지만, 직접 피
부로 느끼니 새삼 신기했다.

워털루 역에서 기차를 타고 천문대가 있는 그리니치 역으로 가는 동
안, 아이들에게 그리니치 천문대에 대해서 무엇을 아는지 물어보았다.

"유명한 천문대니까 커다란 천체 망원경이 있겠죠."

"학교에서 그리니치 천문대가 경도 0도선이 지나가는 곳이라고 배웠
어요."

그리니치 시내에 있는
표지판. 그리니치 천문대, 국립
해양 박물관, 그리니치 공원이
모두 한곳에 모여 있다.

우리는 지구상에서 정확한 위치를 표시하기 위해 위도와 경도를
사용한다. 남북에서 어느 위치인지를 보여
주는 가로 선이 위도이고, 동서 방향에서
의 위치를 알려 주는 세로 선이 경도이다.
그리니치 천문대는 이름 그대로 천체
를 관측하는 곳이지만, 우리가 그리니
치 천문대를 기억하는 것은 바로 지구

본 위에 그려져 있는 세로 선들의 기준선인 경도 0도선이 그리니치 천문대를 지나가기 때문이다. 바로 공간의 중심을 찾아가는 것이다.

보통 천문대라고 하면 높은 산 꼭대기, 즉 도심에서 멀리 떨어져 있는 곳에 있을 거라고 생각하기 쉽다. 실제로 최근에는 인간이 만들어 내는 갖가지 빛과 공해의 영향을 받지 않으려고 천문대를 외진 곳에 짓는다. 그런데 그리니치 천문대는 런던 도심에서 그리 멀지 않은 곳시내에서 자동차로 약 1시간 거리에 있어 의아했다. 규모가 그다지 크지 않다는 사실역시 의외였다. 그러나 이 천문대가 17세기에 만들어졌다는 것을 감안하면 왜 그곳에 있는지 이해가 간다. 그 당시에는 도시에서 상당히 멀리 떨어진 곳이었을 테니까.

¹ 그리니치 천문대의 매표소. 이곳에서 입장권을 받는다. ² 무료 입장권. 천문대와 해양 박물관에 무료로 들어갈 수 있다.

그리니치 천문대는 국립 해양 박물관 뒤편의 그리니치 공원 위쪽 언덕에 자리 잡고 있다. 이 공원은 영국에서 본 풍경 중에 가장 푸근한 것으로 기억될 만큼 마음에 드는 곳이었다. 초록빛 잔디에 오래도록 누워 있고 싶을 정도였다.

그리니치 천문대가 경도의 기준이라고 했는데, 천문대에서 정확히 어느 곳을 경도의 기준0도선으로 삼은 것일까? 이것은 아주 쉽게 찾을 수 있다. 정문을 통과하자마자 바로 앞에 보이는 긴 선이 바로 경도선이다. 사람들이 잔뜩 몰려 있는 지점이기도 하다. 우리는 왼발을 동쪽에, 오른발을 서쪽에 놓고, 이른바 세상의 중심에 서서 자못 그럴듯한 자세를 취해 보았다. 나중에 한국에 와서 사진을 찾아보니 모두들 이런 자세를 하

Beijing 11...

Athens 23°44' ...
Seoul 127°00' E
Tokyo 139°45' E
Tehran 51°26' E

¹그리니치 공원. 푸른 하늘 아래, 초록 빛 잔디 위로 천문대가 보인다. ²경도 선을 중심에 놓고 양 발을 벌려 자세를 취해 본다. ³경도선 옆에 세계 여러 도 시들의 경도가 표시돼 있다. 서울은 동 경 127도임을 볼 수 있다.

고 있었다. 이럴 줄 알았으면 조금 더 멋지고 개성 있는 포즈로 찍을걸!

이 경도선이 지나가는 곳에 건물이 한 채 서 있는데, 이 건물의 문 위에는 밀레니엄 시계가 걸려 있다. 이 시계는 2000년 자정에 이곳에 설치돼, 2000년 이후 시간이 얼마나 지났는지 보여 준다. 맨 위의 숫자는 날, 그 밑은 시와 분, 초, 그리고 100분의 1초를 나타낸다.

그리니치 천문대는 1675년 설립된 왕립 천문대로, 지금은 천문대의 역할을 하지 않기 때문에 구 왕립 천문대라고 부르고 있다. 그런데 천문대라고 해서 단순히 천체를 관측하기 위해 지은 것은 아니다. 천문 지도를 만들어 항해술을 발전시키기 위해 지었기 때문이다.

당시 영국은 '해가 지지 않는 나라'로 불릴 만큼 세계 곳곳에 식민지

¹밀레니엄 시계가 있는 건물. 문을 열면 시간 관측을 위해 사용한 망원경이 보인다. 바로 이 망원경이 경도 0도선의 연장선 상에 있다. ²밤에는 경도선에 불이 켜지고 건물이 열려, 환상적인 풍경을 연출한다. ³그리니치 천문대에는 직경이 28인 치나 되는, 세계에서 7번째로 큰 굴절 망원경이 있다. ⁴그리니치 천문대에서는 1파운드(약 1800원)를 내면 표준시가 적힌 방문 확인증을 발급해 준다.

그리니치 천문대가 경도의 기준이 된 까닭은?

지구에서 위도는 북극점을 북위 90도, 적도를 0도, 남극점을 남위 90도로 하는 가로 선이다. 태양의 고도가 위도에 따라 달라지기 때문에 객관적으로 위도를 정할 수 있다. 하지만 경도는 세로 선이기 때문에 사실 그 기준이라는 것이 있을 수 없다. 그렇다면 어떻게 해서 그리니치 천문대가 경도의 중심이 될 수 있었을까?

오래전부터 많은 나라들은 자신만의 경도선을 정해 지도를 만들어 사용해 왔다. 이 때문에 지구상에 있는 같은 지점인데도 지도마다 위치가 달라지는 문제점이 생겨났다. 그래서 1884년 미국 워싱턴에서 25개국, 41명이 모인 '만국 지도 회의'가 개최되어 경도의 기준을 세웠다. 이 기준이 바로 그리니치 천문대이다.

많은 나라들이 협의해서 정한 것이지만 그리니치 천문대를 기준으로 삼은 것은 그리니치 천문대에서 일찍부터 경도 문제에 관한 연구를 진행해 온 데다 그 당시 영국이 식민지를 넓혀 가면서 전 세계의 바다를 지배할 만큼 막대한 힘을 가지고 있었기 때문이다. 사실 19세기에 통용된 해양 지도의 약 72퍼센트에는 그리니치 천문대를 기준으로 하는 경도가 적용되어 있었다. 한편 영국과 앙숙 관계였던 프랑스는 이 회의의 결정을 따르지 않고 1911년까지 27년 동안 파리 천문대를 경도의 기준으로 사용하기도 했다.

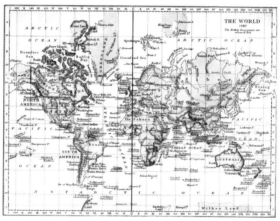

1897년의 세계 지도. 붉은색으로 표시한 부분이 당시 영국이 지배한 나라이다. 그리니치 천문대가 경도의 기준임을 볼 수 있다.

를 개척했는데, 바다를 항해하려면 배가 있는 정확한 위치를 알아야 했다. 이때 기준으로 삼은 것이 바로 별이었기 때문에 별의 위치를 정확하게 기록한 지도가 필요하였던 것이다.

그리니치 천문대에서는 오랫동안 태양과 달을 비롯한 여러 행성과 항성의 위치를 관측해 왔으나 런던의 공해가 심해지면서 더 이상 천문대의 역할을 하기 어려워져, 1946년 천문대 본부를 영국 남부 허스트몬슈로 옮겼다. 그리고 이곳은 국립 해양 박물관과 통합되어 관광과 교육 목적으로 쓰이고 있다.

시간의 중심

"선생님, 이 시계 좀 보세요. 이 시계는 한 바퀴가 24시간이에요."

경도선 주위에서 사진을 찍고 있던 우리에게 민규가 재미있는 것을 발견했다는 듯이 말했다. 그리니치 천문대의 정문 오른쪽에 있는 커다란 시계를 보고 한 말이었다.

일반 시계가 작은 바늘이 12시간마다 한 바퀴 회전하는 것과는 달리 이 시계는 하루에 한 바퀴를 돌도록 만들어져 있다. 이 시계는 1852년에 만들어진 것으로, 그리니치를 기준으로 한 시간을 일반 사람들에게 알려 주기 위해 설치되었다.

"민규야, 너 혹시 GMT라는 것을 들어 봤니?"

¹정문에 있는 24시간 시계. 짧은 바늘이 하루에 한 바퀴 돈다. ²24시간 시계 아래에는 여러 가지 길이 단위의 표준을 나타낸 길이 원기(原器)가 있어, 그리니치 천문대가 과학적으로 중요한 곳이라는 것을 상징적으로 보여 준다.

"컴퓨터에서 시간 맞출 때 본 것 같아요."

고개를 갸웃거리는 민규 옆에서 석원이가 아는 체를 한다.

우리나라의 시간대를 GMT+9라고 한다. 여기서 GMT는 그리니치 표준시Greenwich Mean Time의 약자이다. 즉 GMT+9란 우리나라의 시각이 영국보다 9시간만큼 빠르다는 것을 나타낸다. 여기서 그리니치 천문대와 시간이 서로 밀접한 관계가 있음을 짐작할 수 있다.

앞에서 그리니치 천문대의 본래의 목적은 하늘의 지도를 통하여 해상 지도를 만드는 것이라고 했다. 18세기까지만 해도 바다를 항해하는 것은 매우 위험한 일이었다. 1707년 스페인과의 해전에서 지브롤터를 점령하고 돌아오던 영국 함대는 자신의 위치를 파악하지 못하고 암초와 충돌하여 2000여 명이 목숨을 잃었다.

바다의 지도가 아무리 잘 만들어져 있다고 해도 망망대해에서 자신의 위치를 파악하는 것은 쉬운 일이 아니다. 근처에 섬이 있다면 지금 내가 타고 있는 배가 어디쯤 있는지 알 수 있지 않을까. 물론 위도는 태양의 고도를 통해 알 수 있다. 그렇지만 경도는 알 수가 없다.

바다를 안전하게 항해하기 위해서는 바로 이 경도 문제를 해결하는 것이 꼭 필요했다. 그래서 많은 나라들이 여기에 상금을 걸었으며, 그중에서도 영국 의회에서는 오늘날 우리 돈으로 치면 수십 억 원에 해당하는 큰 상금을 걸었다.

그런데 어떻게 해서 경도로 위치를 파악할 수 있는 것일까?

지구는 구 모양이기 때문에 장소마다 태양의 위치가 다르다. 즉 시각이 다르다. 예를 들어 영국에서 아침 9시라면 같은 때 우리나라에서는 오후 6시이다. 지구가 서쪽에서 동쪽으로 자전하기 때문에 동쪽으로 가면서 시간이 점점 더 빨라진다. 24시간에 한 바퀴, 즉 360도를 돌므로 15도만큼 동쪽으로 이동하면 한 시간이 빨라지는 것이다.

이것을 이용하면 위치를 알 수 있다. 만약 영국에서 비행기를 타고 서쪽으로 간다고 생각해 보자. 태양의 위치를 이용하면 그 장소에서의 시각을 알 수 있다. 그리고 출발할 때 맞춰 놓은 시계를 보면 영국에서의 시각을 알 수 있다.

만약 영국에서의 시각과 현재 지역에서의 시각이 2시간 차이가 난다면 경도로는 30도 차이가 나는 것이다. 이것을 이용하면 지도상에서 지

금 자신이 어디에 있는지 찾을 수 있다. 즉 정확한 시각을 알면 정확한 경도를 알 수 있고 바다에서의 위치도 파악할 수 있는 것이다. 이와 같이 경도와 시간은 서로 밀접히 관련되어 있으므로 그리니치 천문대 안에 시간 전시관이 마련되어 있는 것이다. 결국 그리니치 천문대는 공간의 중심인 동시에 시간의 중심인 셈이다.

정각을 알리는 '시간의 공'

시간 전시관으로 들어가는 입구 앞에서 기지개를 켜며 하늘을 올려다보다가 팔각실 건물 꼭대기 풍향계 아래에 커다란 붉은색 공이 매달

세계 시각과 날짜 변경선

인천 공항에서 비행기를 타고 미국 로스앤젤레스까지 가면 12시간 25분가량 걸린다. 예를 들어 8월 15일 오후 3시에 출발했다고 하자. 그런데 로스앤젤레스에 도착해 보면 오전 10시 25분이다. 날짜는 같은 날인 8월 15일. 어떻게 된 것일까? 시간을 거꾸로 거슬러 가는 타임머신을 타기라도 한 건가?

그 이유는 바로 시각의 차이에 있다. 우리나라의 시각은 그리니치 천문대의 시각보다 9시간이 빠르고, 반대로 로스앤젤레스의 시각은 그리니치 천문대의 시각보다 8시간이 느리다. 즉 우리나라는 로스앤젤레스보다 17시간이 빠르다. 비행기가 출발한 8월 15일 오후 3시는 로스앤젤레스 시각으로는 8월 14일 오후 10시였던 것이다. 그래서 12시간이 넘게 비행기를 타고 갔지만 오히려 시간은 거꾸로 간 것이다. 반대로 로스앤젤레스에서 우리나라로 돌아오면 비행 시간에 17시간을 더해야 하므로 29시간이나 지나게 된다.

동쪽으로 경도 15도만큼 이동하면 1시간씩 빨라진다. 그렇게 한 바퀴를 돌아 제자리로 돌아오면 24시간이 빨라지는 이상한 일이 벌어진다. 이러한 모순을 막기 위해서 만국 지도 회의에서는 태평양 한가운데, 경도 180도에 해당하는 지점에 날짜 변경선을 만들었다. 서쪽에서 동쪽으로 날짜 변경선을 넘어갈 때에는 하루를 더하고, 동쪽에서 서쪽으로 넘어갈 때에는 하루를 빼야 한다.

2000년 1월 1일 뉴질랜드에 많은 관광객들이 몰려들었는데, 바로 뉴질랜드가 날짜 변경선에서 가장 가까운 나라 중 하나이기 때문에 새 천년의 첫 일출을 보기 위해 사람들이 그곳을 찾았던 것이다.

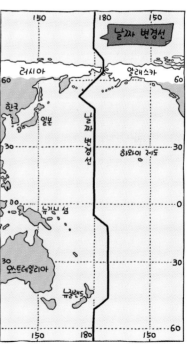

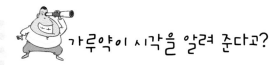

가루약이 시각을 알려 준다고?

바다에서 시각을 알아내려는 여러 아이디어 가운데 '교감의 가루약(The Powder of Sympathy)'이라는 것이 있었다. 이것은 17세기 후반 영국에 퍼졌던 엉터리 치료제로, 황산구리를 갈아서 태양이 사자자리를 지날 때 고운 체로 거른 후 밤이 되기 전까지 햇볕에 말린 것이었다. 이 가루를 사람이나 짐승의 몸에 뿌리면 심한 통증을 유발하면서 상처가 빨리 아무는데, 심지어 상처를 감쌌던 붕대에 뿌려도 상처가 낫는다는 미신이 퍼졌다.

영국의 외교가인 케넬름 딕비 경이 프랑스 남부에서 찾아낸 이 가루약은 멀리 떨어진 곳에서도 상처를 치료할 수 있다고 알려졌다. 그래서 사람들은 상처 입은 개를 배에 태우고 출항한 후 런던에 있는 사람이 정오에 그 개의 상처를 감쌌던 붕대에 가루약을 뿌리면 배에 있는 개가 신음을 내며 울부짖을 것이라 믿었다. 개가 우는 때를 보고 런던 시각이 정오인 것을 알 수 있다는 것이었다. 항해 기간이 길어지면 개의 상처가 아무는 경우가 발생하는데, 그러면 시각을 알기 어려워지므로 선장이 계속해서 개에게 상처를 내는 웃지 못할 일이 벌어지기도 하였다.

경도 문제를 포함해 시각을 알려는 노력은 오래전부터 있었다. TV 드라마 〈불멸의 이순신〉에는 일본 장수가 배에 고양이를 태우고 있는 모습이 등장했는데, 그것은 고양이가 시계 역할을 했기 때문이다. 눈의 동공은 주위가 밝아지면 빛의 양을 줄이기 위해 작아지고 주위가 어두워지면 커지므로, 고양이의 동공이 가장 작아지는 것을 보고 정오를 알 수 있었던 것. 그 무렵 우리나라에서는 앙부일구와 같은 정확한 해시계를 사용하고 있었으니 일본보다 우리나라가 과학적으로 앞서 있었다고 할 수 있겠다.

드라마의 한 장면. 바다에서 시각을 알기 위해 일본 장수가 고양이를 안고 있다.

려 있는 것을 발견하였다. 바로 시간의 공이었다.

오늘날에는 모든 사람들이 어느 곳에서나 정확한 시각을 알 수 있고 시보를 통해 시각을 맞출 수 있다. 그러나 100~200년 전까지만 해도 시각을 맞추는 것은 쉬운 일이 아니었다. 바로 이 시간의 공이 시보 장치인 셈이다. 최초의 시간의 공은 1829년 포츠머스에 세워졌으며 그리니치에는 4년 뒤인 1833년에 만들어졌다.

이 공은 낮 12시 55분이 되면 기둥을 타고 절반쯤 올라간다. 1시가 다가온다는 예보로 3분 동안 그 자리에 멈춰 있다가 꼭대기로 올라가 2분 동안 머문 뒤 정확히 1시가 되면 아래로 떨어진다. 사람들이 배를 타고 템스 강을 지나면서 이것을 보고 시각을 맞췄다고 한다. 순간, 이보다

그리니치 천문대 팔각실 위에 있는 시간의 공

훨씬 더 오래전에 자격루에 자동 시보 장치를 만들어 백성들에게 정확한 시각을 알려 주려고 노력했던 세종대왕이 떠올랐다. 그러고 보면 우리나라도 정확한 시각, 그리고 인간을 위한 시간의 중요성을 진작 알고 있었던 것 같다.

경도를 정복한 시계

시간 전시관의 입구로 들어가면 팔각실이 나온다. 팔각형 모양의 방인 이곳에는 오래전 그리니치 천문대에서 천문 관측을 하는 데 사용한 기구들이 놓여 있었다.

이 기구들을 유심히 살펴보는 빈샘에게, 그리니치 천문대에서 천체 관측을 한 진짜 목적은 경도 문제를 해결하는 것이었다는 이야기를 해 주었다. 그러자 빈샘 왈,

"그럼, 시각이 잘 맞는 시계를 만들면 되겠네."

그렇다. 경도에 대한 문제는 정확한 시계를 만드는 것과 관련이 있다. 그러나 그것은 아주 어려운 일이었다. 진자의 등시성 원리 진자를 매단 끈의 길이가 같다면 진자의 무게나 운동 거리에 상관없이 왕복 시간은 같다는 원리. 갈릴레이가 알아냈다. 를 이용한 진자 시계도 육상에서는 잘 맞았지만 바다 위에서 폭풍이 몰아쳐 배가 흔들리면 진자가 정상적으로 움직이지 않아 제 기능을 하지 못했다.

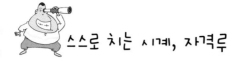
스스로 치는 시계, 자격루

자격루는 우리나라의 대표적인 과학 문화유산 가운데 하나로 손꼽힌다. 그렇다면 어떤 점 때문에 자격루가 과학적으로 뛰어나다고 평가받는 것일까?

바로 '스스로 치는 시계'라는 뜻인 자격루(自擊漏)의 한자에서 힌트를 얻을 수 있다. 자격루가 발명되기 전에는 물시계 옆에 사람이 지키고 있다가 물통 위에 떠오르는 잣대의 눈금을 읽고 북과 징을 쳐서 시각을 알렸는데, 시각을 잘못 알려 주는 일이 잦았다. 그래서 세종대

최근 복원에 성공한 자격루. 2007년 11월 국립 고궁박물관에 전시될 예정이다.

왕은 사람의 힘을 빌리지 않고 스스로 알릴 수 있는 시계를 만들도록 지시했고, 장영실이 삼국 시대 이래 전래된 우리 고유의 기술에 더해 중국의 물시계와 아라비아의 자동 시보 장치의 원리를 연구하여 1433년에 자격루를 만들었다.

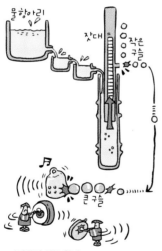

자격루의 작동 원리

자격루의 과학적 우수성은 바로 이 자동 시보 장치에 있다. 먼저 큰 항아리에 있는 물이 일정한 속도로 배수관과 작은 항아리를 거쳐 긴 원통형 항아리 안으로 흘러간다. 그러면 원통형 항아리 안의 막대기가 위로 떠오르면서 벽에 놓인 작은 구슬을 건드리게 된다. 이 작은 구슬이 시보 장치 상자로 들어가 큰 구슬을 건드리고, 큰 구슬이 상자 안에서 움직이면서 상자 위쪽에 있는 인형이 종, 북, 징을 울린다. 지금은 하루를 24개 단위로 나누고 있지만, 예전에는 12시간으로 나누었기 때문에 자격루는 2시간마다 종을 울린다. 이때 열두 띠에 해당하는 12가지 동물들이 차례로 등장하여 시간을 알려 준다.

바로 이 문제를 해결한 사람이 있었다. 인류 최고의 과학자 뉴턴도 아니고 유명한 천문학자 핼리도 아닌, 존 해리슨이라는 시계 기술자였다. 그는 경도 심사국의 심사 위원인 핼리의 도움으로 정확한 시계인 '해리슨 1호H-1'를 만들었다. 막대한 상금도 당연히 해리슨의 몫이었다.

하지만 해리슨은 상금을 받지 못했다. 다른 사람도 아닌 해리슨 자신이 반대를 했기 때문이다. 그는 좀 더 정확한 시계를 만들고 싶다면서 나중에 더 좋은 시계를 만든 다음 다시 심사를 받겠다고 말했다. 그 뒤에 만든 시계 H-2 역시 그의 반대로 시험조차 해 보지 못했다.

해리슨은 그 뒤 19년 만에 H-3을 만들었고, 이어 이전 시계와는 차원이 다른 최고의 걸작인 H-4를 만들었다. 그러나 그를 기다리고 있던 것은 박수갈채가 아닌 시련이었다. 해리슨을 지지했던 핼리의 뒤를 이어 왕실 천문학자가 된 브래들리를 비롯한 천문학자들과 경도 심사국의 해군 장성들은 그의 성과를 쉽게 인정하지 않았다. 바다와 하늘에서 경도를 찾기 위해 들인 노력과 비용이 얼마인데, 이 째깍거리는 작은 기계 하나만으로 간단히 해결된다는 것이 믿기지 않았던 것이다.

그들은 아주 어렵고 복잡한 시험을 통과하도록 하는 등, 계속해서 까다로운 조건을 내걸어 상금 수여를 거부했다. 결국 상금을 주긴 했으나 해리슨의 나이 여든 살일 때였다. 외롭고 처절했던 한 천재의 지난하디 지난한 노력 끝에 경도 문제가 완전히 해결된 것이었다.

우리는 시간 전시관에서 해리슨의 시계 4개를 모두 찾아보았다. 김샘과 빈샘은 해리슨의 시계 앞에서 한참 동안 넋을 잃은 듯 서 있었다. 해

¹ 팔각실 내부 ², ³ 팔각실에 설치된, 시간 연구를 위한 천체 관측 기구 ²1765년까지 팔각실에서 사용했던 망원경의 복제품으로, 1995년에 만들어졌다. 끝부분을 사다리에 걸쳐 각도를 조절하면서 천체를 관측했다. ³ 사분의(quadrant). 1760년대 만들어진 것으로 별의 천정 거리를 관측하는 데 사용했다. 28인치나 되는 대형 사분의로, 눈금이 세밀하여 정확하게 측정할 수 있었다.

리슨은 영혼이 되어 날아갔지만, 해리슨의 시계 바늘은 그 옛날 출렁이는 바다 위에서 갖가지 시험을 거치던 때와 다름없이 째깍째깍 정확하게 돌아가고 있었다.

시간 전시관을 나서는 빈샘을 보니 손목에 찬 시계를 망연히 들여다보고 있다. 무슨 생각을 하고 있을까? 다음 일정을 위해 시각을 확인하는 걸까? 아니면 시간 전시관의 감동을 되살리고 있는 것일까?

우리가 늘 보고 다니는 시계, 하늘에 떠 있는 달과 별, 그리고 천문대. 이 모든 것이 서로 이어져 있다는 사실이 놀랍고도 재미있다.

해리슨이 발명한 시계들(번호순으로 H-1, H-2, H-3, H-4). 가장 나중에 만든 H-4는 오늘날의 시계와 견주어 보아도 손색이 없다.

천문대를 나서면서 다시 경도의 기준선 위에 올라섰다. 바로 이곳이 진짜 세상의 중심이다. 동쪽과 서쪽이 만나는 공간의 중심이요, 이 세상의 시작을 알리는 시간의 중심이다. 그 가운데에 서서 경도를 밝히려 애쓴 수많은 이들의 땀과 노력에 다시 한 번 박수를 보낸다. **이색**

그리니치 천문대 찾아가기

홈페이지 ▶ www.nmm.ac.uk

주   소 ▶ National Maritime Museum, Greenwich, London SE10 9NF

교 통 편 ▶ 런던 Waterloo 역 → Greenwich 역에서 도보 10분

개관 시간 ▶ 10:00~17:00

입 장 료 ▶ 무료

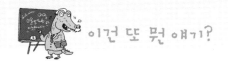
작은 구멍이 펼치는 마술
카메라 옵스큐라

그리니치 천문대의 시간 전시관 입구 오른쪽에는 10명 남짓 들어갈 만한 작은 공간이 있다. 마치 신비한 세계로 안내하는 듯 검은 커튼을 드리운 이곳에 들어서자, 불빛 하나 없는 암흑 세계가 펼쳐졌다. 한가운데 지름이 1.5미

그리니치 천문대에서 보이는 멋진 풍경이 작은 구멍을 통과해 둥근 탁자에 고스란히 펼쳐져 있다.

터쯤 되는 둥근 탁자만 흐릿하게 보일 뿐.

어느 정도 시간이 흘렀을까? 아무것도 보이지 않던 탁자 위에 마술처럼 무언가 서서히 모습을 드러내기 시작했다. 그것은 그리니치 천문대에서 바라본 그리니치 시가지 풍경이었다. 사실 처음부터 나타나 있었지만 밝은 곳에 익숙한 눈이 어둠에 적응을 하지 못해 컴컴하게 보였던 것이다.

이 풍경은 바로 카메라의 기원이자 어원이 된 커다란 '카메라 옵스큐라camera obscura, 라틴 어로 어두운 방이라는 뜻'를 통해서 본 모습이었다.

카메라 옵스큐라는, 쉽게 말하면 바늘구멍 사진기의 원리를 이용한 것이다. 어두운 방의 벽에 작은 구멍을 뚫고 맞은편에 스크린을 놓으면, 바늘구멍 밖의 광경이 스크린에 나타난다. 이때 바늘구멍이 상을 만드는 기본 원리는 바로 빛의 직진 현상이다. [그림 1]과 같이 물체의 각 부분에서 나온 빛은 바늘구멍을 통과해 스크린에 상을 만드는데, 이 상은 원래 모습에서 180도 회전한 것이다.

그리니치 천문대에 있는 카메라 옵스큐라는 둥근 탁자를 스크린으로 이

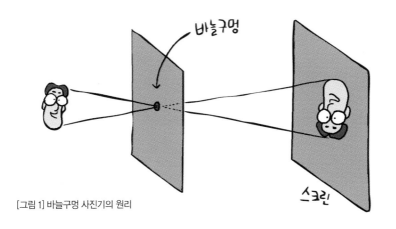

[그림 1] 바늘구멍 사진기의 원리

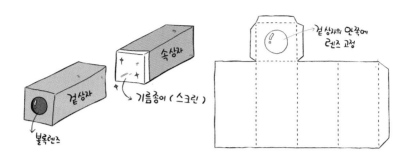

[그림 2] 간이 사진기의 구조. 종이로 간이 사진기를 만들면 볼록렌즈를 통과해 생겨난 상이 기름종이에 맺힌다. 그리니치 천문대 카메라 옵스큐라에서 원형 탁자는 바로 이 기름종이의 역할을 하는 것이다.

용하기 위해 바늘구멍과 스크린 사이에 거울을 놓고 반사시켜 빛의 경로를 90도 꺾은 것이다. 멀리 해양 박물관 앞길에서 오가는 자동차와 자전거, 그리고 사람들이 원형 탁자 위에서 고스란히 움직이고 있는 것이 놀라웠다. 실제로는 작은 구멍만 뚫으면 빛의 양이 적어 잘 보이지 않기 때문에, 보통 앞에 볼록렌즈를 달아서 많은 빛이 들어오게 만든다. 이것을 '간이 사진기'라고도 한다.

카메라 옵스큐라의 원형은 기원전으로 거슬러 올라간다. 아리스토텔레스는 기원전 4세기경 이 원리를 이용해 집 밖의 경관을 관찰했다고 하며, 레오나르도 다 빈치도 원근법 실험을 할 때 이것을 이용했다.

카메라 옵스큐라를 가장 잘 활용한 사람들은 화가들이었다. 눈에 보이는 대로 정확하게 사물을 그리고 싶었던 그들은 물체가 그대로 캔버스에 투영되게 하여 여기에 대고 밑그림을 그렸다.

얼마 전 '카메라 옵스큐라'가 조선 시대에도 있었다는 연구 결과가 발표되었다. 조선 후기 최고의 실학자인 다산 정약용의 글을 보면, 18세기 후반에

[그림 3] 카메라 옵스큐라를 이용한 밑그림 그리기

카메라 옵스큐라 기법이 활용된 것을 알 수 있다. 그가 쓴 《여유당전서》에는 '칠실관화설漆室觀火說'이라는 제목의 글이 실려 있다. 그중 다음과 같은 부분이 나온다.

맑은 날, 방의 창문을 전부 닫고 외부에서 들어오는 빛을 막아 실내를 칠흑같이 한다. 구멍을 하나만 남겨 두었다가 애체(볼록렌즈)를 그 구멍에 맞추어 끼운다. 그러면 눈처럼 희고 깨끗한 종이판 위에 영상이 비친다.

다산이 남긴 이 글은 분명히 카메라 옵스큐라의 원리를 설명하고 있다. 그는 이것을 가리켜 '칠실파려안漆室玻瓈眼'이라고 했다. 여기서 '칠실'은 컴컴한 방을 뜻하며, '파려안'은 렌즈를 나타낸다. 그럼 이제부터는 카메라 옵스큐라 대신 '칠실파려안'이라고 불러 볼까? 이생

Cambridge

800년 전통에 빛나는 유럽 과학의 핵심지

케임브리지는 런던에서 80킬로미터 정도 북동쪽으로 떨어져 있는 오래된 대학 도시로, 케임브리지셔 주의 행정 중심이다. 면적은 40제곱킬로미터. 서울 강남구와 비슷한 크기이다. 소프트웨어, 전자, 바이오 분야에서 유럽의 중심지 역할을 하고 있어, 케임브리지를 둘러싼 지역을 실리콘 펜Silicon Fen이라 부른다.

케임브리지 하면 캐번디시 연구소와 킹스 칼리지 등이 있는 케임브리지 대학이 가장 먼저 떠오를 것이다. 2001년 인구 조사에 따르면 약 11만 명에 이르는 인구 중에서 2만 2000명이 학생이라고 하니, 가히 대학 도시로 불릴 만하다.

케임브리지 대학은 1209년에 설립되었다. 설립 800주년을 눈앞에 두고 있으니, 그야말로 전통이 살아 숨 쉬는 곳이다. 이곳에는 뉴턴이 공부한 트리니티 칼리지, 원자의 구조를 밝히는 데 결정적인 역할을 한 캐번디시 연구소, 왓슨과 크릭이 DNA의 구조를 발견한 유서 깊은 연구소 등이 있다. 한마디로 서양 과학사의 큰 뼈대라 하겠다.

하지만 케임브리지로 가는 버스 안에서 가장 궁금했던 것은 바로 지금의 케임브리지 대학이었다. 단지 전통 속에서만 빛나는 학교는 아닐 테니까. 케임브리지의 역사와 현재를 함께 만난다는 생각에 마음이 부풀었다.

케임브리지행 버스는 런던 빅토리아 역 근처에 있는 코치 스테이션

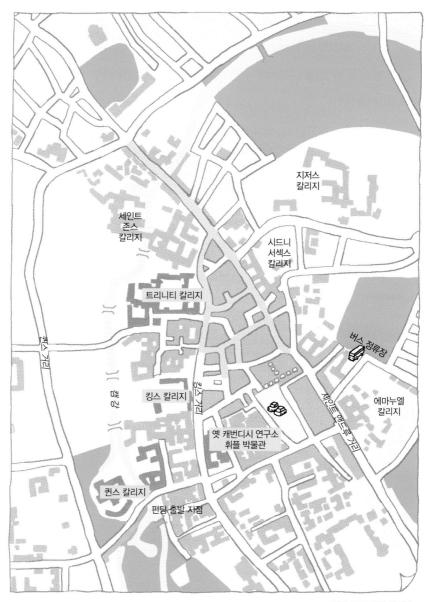

세인트
존스
칼리지

지저스
칼리지

시드니
서섹스
칼리지

트리니티 칼리지

백스 거리

버스 정류장

캠강

킹스 거리

킹스 칼리지

세인트 앤드루 거리

에마누엘
칼리지

옛 캐번디시 연구소
휘플 박물관

퀸스 칼리지

펀팅 출발 지점

케임브리지 대학 배치도

Coach Station, 일종의 버스 터미널에서 출발하였다. 다른 날보다 훨씬 일찍 민박집을 나와 코치 스테이션에 도착하니 케임브리지행 버스와 옥스퍼드행 버스를 타는 곳이 같았다. 전통 있는 두 대학으로 가는 버스가 한곳에서 출발하는 것이 나름대로 의미가 있다는 생각이 들었다.

빅 밴, 런던 타워, 국회의사당 등이 있는 시내 중심부를 빠져나와 고속도로를 1시간 30분 정도 달려 케임브리지에 도착했다.

버스에서 내리자마자 근처 자동판매기에서 케임브리지 지도를 구입했다. 한국에서 준비해 온 사이언스 투어 안내 지도가 있기는 했지만 기념이 될 수도 있으니까.

지도를 펼치자 케임브리지의 전체 모습이 잘 나와 있었다. 우선 우리가 서 있는 버스 정류장의 위치를 찾아보았더니 케임브리지의 한가운데였다. 기차를 타면 외곽에서 내리기 때문에 버스를 타고 한참 들어와야 한다는 이샘의 말이 생각났다. 대학에서 전해 오는 이야기에 따르면, 학생들이 런던으로 쉽게 가지 못하고 학업에 몰두할 수 있도록 대학 당국이 일부러 기차역을 도심의 외곽에 만들어 놓았다고 한다. 어쨌든 다행이었다. 우리가 가려고 하는 곳은 정류장에서 멀지 않았다.

전자를 발견한 곳 _ 캐번디시 연구소

첫 목적지는 옛 캐번디시 연구소. 1897년 톰슨이 최초로 전자를 발견

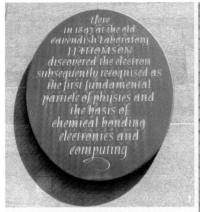

1 "이곳 옛 캐번디시 연구소에서 1897년 J. J. 톰슨이 전자를 발견하였으며, 이어 전자는 물리의 첫 번째 기본 입자이자 화학 결합과 전기 공학, 컴퓨터 공학의 기본이 된다는 것을 알아냈다."
2 몬드 연구소 벽에 새겨진 악어 그림

한 유서 깊은 연구소로, 노벨상 수상자를 무려 29명이나 배출해 화려한 명성을 자랑한다. 현재 주요 실험실은 모두 케임브리지 외곽의 새 캐번디시 연구소로 이전하였고, 이곳에는 박물관과 도서관 등이 남아 기본적인 기능만 담당하고 있다. 어렵사리 찾아갔건만 아쉽게도 톰슨의 전자 발견 업적은 연구소의 외벽에 간단한 설명으로만 남아 있었다.

석원이와 민규는 대단한 것을 기대했는지 실망한 표정이 역력했다. 하지만 전자의 발견이 과학적으로 얼마나 중요한지 설명하고 여기가 바로 최초로 전자를 발견한 역사적인 연구소라고 말해 주자, 고개를 끄덕이며 다시 건물을 올려다보았다.

캐번디시 연구소는 지난 130년 동안 세계 과학사를 새로 쓸 정도로 획기적인 연구물들을 내놓은 곳이다. 이곳 출신의 대표적인 과학자로는 원자의 구조를 밝힌 보어, 중성자를 발견한 채드윅, DNA의 이중 나선 구조를 발견한 왓슨과 크릭 등이 있다. DNA 구조를 발견한 연구소는 나중에 찾기로 하고 일단 휘플 박물관으로 발걸음을 옮겼다.

휘플 박물관으로 가는 길에 몬드 연구소의 바깥 벽에서 악어 그림을 발견했다. 몬드 연구소는 옛 캐번디시 연구소에 속해 있는데, 이곳의 악어 그림만큼 재미있고도 의미 있는 사연이 담긴 낙서도 흔치 않다.

1933년 몬드 연구소가 세워질 당시, 연구소의 건물 벽에 난데없이 악어 그림이 등장했다. 당시 연구소장은 물리학자이자 화학자인 러더퍼드1871~1937, 물리학자·화학자였는데, 이 악어 그림은 그의 제자인 카피차 등이

스승 러더퍼드를 풍자해 그린 것이다.

러더퍼드는 뉴질랜드 출신으로, 케임브리지 대학에 장학생으로 입학했다. 어느 날 감자 밭에서 감자를 캐고 있다가 장학금 수여가 결정되었다는 소식을 듣자, 그 자리에서 호미를 던지며 "이것이 내가 캔 마지막 감자다!"라고 외쳤다고 한다. 그는 키가 아주 큰 데다 목소리까지 독특해, 멀리서도 확연히 구별되었다. 그래서 제자들이 그를 동화《피터팬》에 나오는, 시계를 삼켜 언제 어디서나 소리를 내며 등장하는 악어로 묘사했던 것이다. 이 이야기를 들으면 러더퍼드는 제자들을 무척이나 괴롭힌 선생이었던 것 같고, 그의 제자들은 그의 눈을 피해 가며 무언가 재미난 일을 꾸미는 장난꾸러기들처럼 느껴진다.

캐번디시 연구소는 전통과 규율을 매우 중시하기로 유명하다. 유행에 따라 연구 분야를 이리저리 바꾸는 여느 연구소들과 달리, 기초 과학 한 분야만을 파고드는 것이 캐번디시 연구소의 특징이다. 또 교수들 사이에 위계 질서가 엄격하기로도 이름나 있다. 가장 높은 자리인 정교수 아래로 조교수, 강사, 보조 강사 등 6단계가 있다. 학생을 가르치는 200여 명의 강사진 가운데 정교수는 11명에 불과하다.

캐번디시에서는 비가 내리는 날, 캠퍼스에서 백발의 노교수가 우산을 쓴 채 느긋하게 잔디밭을 가로질러 갈 때 다른 사람들은 잔디밭 가장자리에 깔린 보도블록을 따라 빙 둘러서 연구실로 몰려가는 풍경을 자주 볼 수 있다. 이것은 정교수만 잔디밭을 밟을 수 있게 한 오랜 전통 때문이다.

케임브리지 과학의 역사 _ 휘플 박물관

다음으로 발걸음을 옮긴 곳은 휘플 박물관이었다. 이 박물관은 1944년에 설립되었으며, 17세기에서 19세기까지 케임브리지에서 만든 다양한 소장품을 갖춘 과학사 박물관이다.

휘플 박물관은 메인 갤러리, 도서관, 특별 갤러리 등으로 이루어져 있는데, 우리는 메인 갤러리만 둘러보았다. 규모는 크지 않았지만 소장품 하나하나는 눈길을 끌기에 충분했다. 갈릴레이의 달 스케치가 그려져 있는 17세기 이탈리아의 책, 톰슨의 음극선관, 그리고 빛에 바래지 않도록 검은 천으로 덮어 놓은 뉴턴의《프린키피아》등이 있었다.《프린키

휘플 박물관 메인 갤러리. 훅의 현미경, 뉴턴의《프린키피아》, 다윈의 현미경, 19세기에 만들어진 인체 모형 등 다양한 소장품이 전시되어 있다.

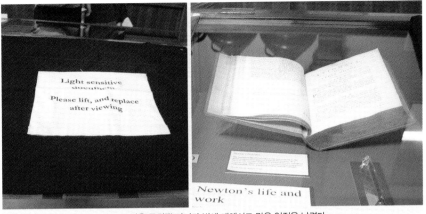

《프린키피아》와 뉴턴의 프리즘. 뉴턴은 중력뿐 아니라 빛에 대해서도 많은 업적을 남겼다.

피아》는 다행히 검은 천을 치우고 조명 없이 사진을 찍을 수 있다고 되어 있었다. 그 유명한 《프린키피아》의 원본을 보다니……. 감동에 젖어 한참 동안 서서 들여다보았다.

휘플 박물관에서 나와 시계를 보니 긴 바늘이 1시를 향해 가고 있었다. 배가 고팠지만 일단 킹스 칼리지로 걸음을 옮겼다. 가는 길에 괜찮은 곳이 있으면 밥을 먹기로 했다. 골목길을 따라 조금 걷자 오래돼 보이는 작은 피자 가게가 눈길을 끌었다. 점심시간이라 가게 안은 학생들로 붐볐다. 우리는 지하로 내려가서 각자 피자 한 판씩을 시켰다. 허기가 진 데다 맛이 있었는지 석원이와 민규는 순식간에 한 판을 해치우고는 입맛을 다시며 아쉬워했다. 그나마 간식으로 과자와 과일을 챙겨 왔으니 다행이었다.

《프린키피아》

뉴턴이 1687년 출간한 책으로, 원제는 《자연 철학의 수학적 원리(Philosophiae Naturalis Principia Mathematica)》이다. 뉴턴은 이 책에서 물리학의 토대를 마련하였다. 우주에 있는 모든 것의 운동을 설명한 중력의 법칙과 세 가지 운동 법칙(관성의 법칙, 가속도의 법칙, 작용·반작용의 법칙)에 대해 상세하게 밝혔을 뿐만 아니라, 물리학의 법칙이 실제로 모든 것에 영향을 미치는 보편적인 법칙이라는 사실을 분명히 밝혔다.

《프린키피아》는 모두 3편으로 구성되어 있다. 제1편과 제2편에서는 운동에 관한 일반 명제를 서술하였고, 제3편에서는 제2편에서 증명한 명제를 근거로 천체의 운동, 특히 행성의 운동에 대하여 논하고 있다.

《프린키피아》는 나오자마자 큰 반향을 일으켰는데, 그것은 이 책이 코페르니쿠스 이후에 과학자들이 찾던 해답을 제시했기 때문이다. 즉 세계는 마술이나 변덕스런 신들의 기분 같은 것에 좌우되는 것이 아니라 기본적인 기계적 원리에 따라 작동하고 있으므로, 인간은 그 원리를 충분히 이해할 수 있다는 사실이었다.

대학 순례 길에 나서다

피자로 배를 채운 우리는 몇 군데의 유명한 칼리지college 순례에 나섰다. 먼저 간 곳은 킹스 칼리지였다. 민규는 킹스 칼리지라는 이름을 듣고는 남자들만 다니는 대학이냐고 물었다. 이 이름이 붙은 것은 1441년 헨리 6세의 하사금으로 세워진 곳이기 때문이다. 킹스 칼리지에는 과학적으로 특별히 유명한 것이 있지는 않았기에 들어가지 않았다.

다음으로 간 곳은 트리니티 칼리지. 1546년 헨리 8세가 세운 트리니티 칼리지는 현재 160명의 교수와 320명의 학위 과정 학생, 650명의 학

트리니티 칼리지의 예배당 안에 있는 뉴턴의 조각상과 유명한 졸업생들의 명단

부생이 있는, 케임브리지에서 가장 큰 대학이다.

트리니티 칼리지는 뉴턴이 다녔던 대학으로 유명하다. 아니나 다를까, 대학의 곳곳에서 그의 흔적을 찾을 수 있었다. 뉴턴 조각상, 뉴턴이 생활했다는 기숙사, 그리고 그 앞의 사과나무 한 그루. 뉴턴이 살았던 당시의 사과나무는 아니고, 그것의 몇 대손쯤 되어 보였다.

뉴턴을 비롯해 이 대학을 다녔던 유명인들의 석상이 전시되어 있는 예배당으로 들어가는 잔디 광장에는 간단한 구조의 해시계가 놓여 있었다. 예배당 안으로 들어가자 베이컨, 아이작 배로, 맥스웰 등의 조각상이 늘어서 있었고, 정중앙에 홀로 서 있는 뉴턴의 조각상 뒤로 이곳 출신 유명 인물들의 명단이 보였다.

1 트리니티 칼리지 2킹스 칼리지 정문 3뉴턴이 생활했던 기숙사 앞의 사과나무

트리니티 칼리지에서 나와 길거리에 앉아 잠시 쉬었다. 방학이라 그런지 학생보다 관광객이 더 많아 보였다. 가끔 대학생으로 보이는 한국인도 눈에 띄었고, 중국의 고등학생 단체 관광객도 지나갔다. 문득 민규가 관광객으로서가 아니라 학생이나 연구원의 신분으로 케임브리지를 거니는 미래의 한 장면을 상상해 보았다. 옆에 있는 민규는 이런 나의 마음을 아는지 모르는지, 석원이와 함께 조그만 게임기를 가지고 노느라 여념이 없었다.

잠시 동안의 휴식을 끝내고 사과나무 앞에서 기념 촬영을 한 다음 퀸스 칼리지로 향했다. 퀸스 칼리지는 아름다운 해시계로 유명한 곳이다. 건물 벽에 크고 복잡하게 생긴 해시계가 있었다. 날짜에 따라 다른 줄을 읽도록 된 것이 우리나라의 앙부일구의 원리와 비슷해 보였다. 시간과 날짜를 읽어 보려고 했지만 햇빛이 계속 그늘에 가려져 읽기가 쉽지 않았다. (이 해시계에 대해서는 63쪽 참조.)

퀸스 칼리지 옆으로 난 작은 문으로 나가니 폭이 넓지 않은 강이 나왔고, 강에는 펀팅punting을 하는 관광객과 학생들로 가득 차 있었다. 펀팅

퀸스 칼리지의 건물에 설치된 해시계

수학의 다리 아래에서 펀팅을 즐기는 사람들

은 작은 배를 타고 노를 바닥에 찔러 앞으로 나아가는 것으로, 케임브리지에서 전통으로 이어 내려오는 놀이이다. 펀팅을 하면서 캠 강을 거슬러 올라가면 케임브리지의 주요 대학을 순례할 수 있어 관광객들에게도 꽤 인기가 있다.

"엄마, 우리도 펀팅해요."

석원이가 한샘에게 말했다.

"글쎄, 시간이 될지 모르겠다. 새 캐번디시 연구소까지 다녀오면 무리일 것 같은데……."

우리는 일단 둘러볼 곳을 다 본 다음 시간적으로 여유가 되면 펀팅을 하기로 했다.

강 위에는 퀸스 칼리지와 바깥을 연결하는 나무다리가 있었는데, 이름이 '수학의 다리'였다. 다리의 구조가 복잡해서 수학자들이 설계했다는 전설 아닌 전설이 있어 붙여진 이름이라고 한다. 또 다른 설에 따르면 뉴턴이 설계했다고도 한다. 못이나 나사를 전혀 쓰지 않고 만든 다리라 그 구조가 몹시 궁금했던 케임브리지의 호기심 많은 학생 한 명이 다리를 분해했지만 다시 조립하지 못했다는 이야기도 있다. 하지만 사실 이 다리는 뉴턴이 죽고 22년이 지난 1749년에 만들어진 것이다. 대학의 기록에 따르면 이 다리는 마차에 쓰이는 나사를 이용해서 이음새를 조였다고 한다. 그 후 1866년과 1905년에 수리하여 지금과 같은 모습이 되었다.

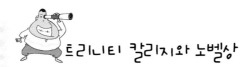

트리니티 칼리지와 노벨상

2006년 현재까지 트리니티 칼리지에서 배출한 노벨상 수상자는 모두 31명에 이른다. 수상 분야도 다양해 물리학상 13명, 화학상 7명, 생리의학상 6명, 문학상 1명, 평화상 1명, 경제학상 3명이다. 대표적인 노벨 물리학상 수상자로는 빛의 산란 이론으로 하늘이 파란 이유를 설명한 레일레이, 전자를 발견한 톰슨, 원자의 구조를 제시한 보어, 저온 물리학을 연구한 카피차 등이 있으며, 노벨 화학상 수상자로는 원자핵의 존재를 발견한 러더퍼드를 들 수 있다. 러더퍼드는 화학이 진정한 의미의 학문이 아니라고 여겨 왔기에 노벨 화학상을 다소 난처해 하면서 받았는데, 수상 연설에서 자신이 물리학자에서 화학자로 바뀐 것은 원소의 변화보다 더 놀라운 일이라고 말해 사람들에게 즐거움을 주기도 했다.

DNA 발견의 현장

퀸스 칼리지에서 나온 우리는 왓슨과 크릭이 DNA를 발견한 유서 깊은 연구소를 찾아 나섰다. 길거리를 헤매고 있을 때 갑자기 비가 쏟아졌다. 우산이 없어 비를 맞고 다니면서 벽에 붙어 있는 동판 하나를 찾느라 꽤 애를 먹었다.

전자를 발견한 장소와는 달리 DNA를 발견한 장소를 찾기란 쉽지 않았다. 두 곳은 모두 캐번디시 연구소에 속해 있었지만 건물은 꽤 떨어져 있는 것 같았다. 케임브리지의 학생들에게 물어보아도 잘 모른다는 대답만 돌아올 뿐이었다. 주소지를 보면 근방인 듯한데도 누구 하나 정확하게 알고 있는 사람이 없었다.

케임브리지의 골목을 헤매기를 1시간여, 드디어 건물 한구석에 있는 표시를 찾았다. DNA를 발견한 곳이라는 표시가 벽에 붙어 있었다. 막상 찾고 보니 전자를 발견한 곳에서 그리 멀리 떨어져 있지 않았다. 연구소는 4층 높이의 평범한 벽돌 건물. 오래된 건물에 출입문과 창문만 최근에 보수한 것처럼 보였다. 최신 설비를 갖춘 화려한 연구소로는 보이지 않았다. 이런 곳에서 DNA를 발견하였다니……. 반드시 많은 자금과 뛰어난 시설이 있어야 역사적인 발견을 하는 것은 아닌 모양이다.

발견의 기쁨도 잠시, 하루 종일 돌아다니고 비까지 맞았더니 피로가 몰려왔다.

이제 우리가 계획한 곳 중에서 남은 곳은 새 캐번디시 연구소. 시계

펀팅하는 배 안에서. 어느새 비가 개어 캠퍼스가 햇살 아래 빛나고 있다.

바늘은 어느덧 4시에 가까워지고 있었고, 케임브리지 거리에는 여전히 비가 내리고 있었다. 아무래도 새 캐번디시 연구소를 찾아가기에는 무리였다. 우리 일행은 새로운 결정을 내렸다. 케임브리지의 전통 놀이인 펀팅을 하기로 한 것이다.

펀팅은 우리가 직접 노를 저을 수도 있고, 대학생 아르바이트를 고용할 수도 있었다. 노를 젓기에는 너무 지쳐 있는 터라 아르바이트 학생을 고용했다. 비 내리는 캠 강에서 배를 타고 여유를 즐기니 기운이 솟아나는 듯했다. 아르바이트 학생이 건물의 이곳저곳을 열심히 설명해 주었지만 알아듣기가 힘들었다. 케임브리지의 역사, 학생, 연구 분야 등을 애기하는 것 같았다.

비는 시간이 갈수록 점점 더 많이 내렸다. 오는 길에 구한 우산을 쓰고 담요를 덮은 채 강을 거슬러 올라가니 꽤 운치가 있었다. 30여 분 동안의 펀팅은 무척 즐거웠다. 그런데 배에서 내리니 다들 엉덩이가 흠뻑 젖어 있었다.

노벨상의 숨은 공로자, 로잘린드 프랭클린

20세기 과학의 가장 위대한 업적으로 꼽히는 왓슨과 크릭의 DNA 이중 나선 구조 발견의 역사 뒤에는 천재 생물학자 로잘린드 프랭클린(1920~1958)이 있다. 많은 과학 사학자들은 그가 DNA의 이중 나선 구조를 밝히는 데 결정적인 공헌을 했음에도 업적을 제대로 인정받지 못했고, 심지어 그가 노벨상을 도둑맞았다고까지 주장한다.

미국의 생물학자인 왓슨과 영국의 물리학자인 크릭, 경쟁자였던 윌킨스는 DNA가 이중 나선 구조로 되어 있다는 주

로잘린드 프랭클린

장을 발표해 1962년 노벨 생리의학상을 받았다. 그런데 이들이 DNA의 이중 나선 구조를 발견하는 데에는 로잘린드 프랭클린이 찍은 DNA의 X선 회절 사진이 결정적인 단서를 제공했다. 왓슨과 크릭은 프랭클린의 자료와 사진의 도움을 받고 거기에 자신들의 지식을 약간 보태, 생명의 비밀인 DNA의 분자 구조를 발견했던 것이다.

이들이 노벨상을 수상하기 4년 전인 1958년 4월, 프랭클린은 37세의 아까운 나이에 암으로 삶을 마감했다. 만약 프랭클린이 그때까지 살아 있었다 해도 3명까지만 공동 수상을 허용하는 노벨상의 규정과 여성을 차별하던 당시 풍토 때문에 노벨상을 받지 못했을 것이라는 의견이 많다.

"아빠, 우리 엉덩이가 꼭 똥 싼 것 같아요."

민규의 말이었다. 우리는 한동안 서로의 엉덩이를 바라보며 웃었다. 버스 시간에 맞추기가 힘들어 저녁은 샌드위치로 간단하게 때우고는 런던행 마지막 버스에 겨우 올랐다. 몹시 피곤한 데다 따뜻한 히터가 젖은 옷을 말려 주자 민규는 내 다리를 베개 삼아 곧바로 잠이 들었다. 어린 나이에도 강행군을 잘 견디는 모습이 대견했다. 잠시 후 나머지 일행도 스르르 잠에 빠졌다. 김쌤

케임브리지 찾아가기

홈페이지 ▶ 케임브리지 대학 www.cam.ac.uk

교 통 편 ▶ 기차 : 런던 King's Cross 역 → Cambridge 역(약 1시간 30분 소요)

버스: 런던 Victoria Coach Station에서 National Express(1시간 간격 출발) →
Cambridge(약 2시간 30분 소요). 표는 인터넷(www.nationalexpress.com)으로
예약한 것을 프린트해서 가져가도 되고, 현지에서 예매해도 됨.

캐번디시 연구소

홈페이지 ▶ www.phy.cam.ac.uk

휘플 박물관

홈페이지 ▶ www.hps.cam.ac.uk/whipple

개관 시간 ▶ 월~금요일 12:30~16:30

입 장 료 ▶ 무료

트리니티 칼리지

홈페이지 ▶ www.trin.cam.ac.uk

개관 시간 ▶ 10:00~17:00. 그해에 입장 가능한 시기가 홈페이지에 게재됨.

입 장 료 ▶ 어른 2.2파운드, 어린이 1.3파운드, 가족 4.4파운드

퀸스 칼리지

홈페이지 ▶ www.queens.cam.ac.uk

개관 시간 ▶ 10:00~16:30

입 장 료 ▶ 1.5파운드, 12세 미만 무료

킹스 칼리지

홈페이지 ▶ www.kings.cam.ac.uk

입 장 료 ▶ 어른 4.5파운드, 학생 · 65세 이상 3파운드, 가족을 동반한 12세 미만 무료

개관 시간 ▶

학기 중	월~금요일	9:30~15:30
	토요일	9:30~15:15
	일요일	13:15~14:15
방학 중	월~토요일	9:30~16:30
	일요일	10:00~17:00

*봄 학기 시험 기간(4월 말~6월 중순)에 캠퍼스는 입장 불가, 예배당은 입장 가능함.
*예배당 개관 시간은 몇 주 단위로 홈페이지에 공고함.

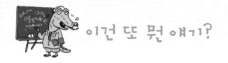
빛이 만드는 시간
해시계

해시계는 인류가 발명한 가장 원초적인 시계이다. 원시 시대 사람들은 태양의 위치에 따라 변하는 나무의 그림자 위치와 길이를 보면서 시각을 알아냈을 것이다. 여기에 착안한 인류는 다양한 형태의 해시계를 만들어 사용해왔다.

태양이 있으면 그림자가 생기고, 그림자의 길이와 위치는 태양의 움직임에 따라 변한다. [그림 1] 이처럼 시간의 흐름에 따라 그림자의 길이와 위치

오전   정오 무렵   오후

[그림 1] 태양의 위치에 따라 달라지는 그림자

¹케임브리지 대학의 어느 연구소 벽에 새겨진 해시계 ²웨스트민스터 대성당의 벽에 설치된 해시계

가 변하는 것을 이용해서 만든 것이 해시계이다.

해시계는 여러 문명에서 볼 수 있다. 중국에서는 기원전 11~13세기경부터 '표表'라는 막대기를 수직으로 세우고 해의 그림자에 따라 시각을 측정했으며, 영국에서도 여러 시대에 걸쳐 다양한 해시계가 만들어졌다. 우리나라에도 세계적으로 유명한 해시계인 앙부일구가 있다. 하지만 영국은 지금도 많은 사람들이 여전히 해시계에 관심을 갖고 제작하고 있는 데 비해, 우리나라를 비롯한 다른 나라들은 그렇지 않다는 것이 차이점이다.

영국 사람들이 유난히 해시계에 관심을 갖는 이유가 실용적인 목적을 위해서가 아니라는 것은 누구나 짐작할 수 있다. 그들은 전통을 존중하고 예술적인 가치를 중시하기 때문에 끊임없이 해시계를 만들어 전시하고 감상하는 것이다. 역사가 오래된 것에서 현대의 것에 이르기까지, 해시계는 영국 곳곳에 살아 숨 쉬고 있다. 케임브리지에만 19개의 해시계가 있을 뿐 아니라, 웨스트민스터 대성당의 벽에도 해시계가 걸려 있다.

영국에는 1989년에 설립된 해시계 학회가 있는데, 현재 500여 명의 회원이 가입해 있다. 이 학회는 일반인들에게 해시계의 예술과 과학, 해시계에 대한 교육을 촉진시키며, 영국에 있는 모든 해시계를 목록화하고 복원하는 데 조언을 하려는 목적을 갖고 있다. 이들은 모임을 조직해 관련 서적을 출판하고 1년에 한 번씩 대규모 학회를 연다. 회원들의 직업은 다양하다. 과학자, 돌·금속 관련 예술가, 역사학자, 디자이너, 컴퓨터 프로그래머 등등, 직업에 상관없이 해시계에 대한 큰 관심으로 모인 사람들이다.

케임브리지 퀸스 칼리지의 예배당 벽에 걸려 있는 해시계는 아름답고 독특한 모양으로 눈길을 끈다. 이 해시계는 1642년에 만들어졌고, 지금의 형태로 꾸민 것은 1733년이다. 300년 가까이 멈추지 않고 작동하고 있는 것이다. 하긴 해시계는 모터가 필요한 것도 아니고 태양만 있으면 작동하는 것이

¹영국의 전형적인 평면 해시계. 바닥에 수평으로 놓은 판에 시각이 새겨져 있고, 비스듬하게 세운 막대기는 자전축의 방향을 향한다. ²16세기 독일에서 제작된 휴대용 평면 해시계로, 눈금이 돌 위에 정교하게 새겨져 있다. ³1750년 독일에서 제작된 해시계. 시각이 새겨진 눈금판을 기어로 만들어 회전할 수 있다. 이 시계를 이용하면 다른 지역에서도 시각을 측정할 수 있다.

니 앞으로도 영구히 작동하겠지만 말이다.

　이 해시계에는 여러 개의 선이 복잡하게 그어져 있는데, 이 선들은 시각, 날짜, 황도 12궁, 태양의 고도 등을 나타낸다. 해시계 아래에 있는 표는 밤에 달의 그림자를 이용해서 시각을 알 수 있도록 한 것이다. 예를 들어 보름달일 때음력 15일에는 달의 그림자가 가리키는 시각에 12시간을 더하면 현재 시각이 되고, 그 전날음력 14일에는 달의 그림자가 가리키는 시각에 11시간 12분을 더하면 현재 시각이 된다. 물론 초승달이 뜨는 밤에는 그림자가 생기지 않으므로 시각을 읽으려고 시도하지 않는 것이 좋다.

　옥스퍼드 과학사 박물관에는 각종 해시계가 전시되어 있다. 그 디자인과 기능이 매우 다양해 흥미로웠다. 한쪽에는 우리나라의 앙부일구도 있었는

1 케임브리지 퀸스 칼리지에 있는 해시계. 벽에 붙어 있는 평면 해시계이다. 2 1570년대 영국에서 제작된 해시계. 원래 용도는 측량 도구였으나 회전판에 시간 눈금을 새겨 평면 해시계의 역할을 했다. 3 1539년 영국에서 제작된 해시계로 시각을 나타내는 줄이 사발의 안쪽에 새겨져 있다.

1 조선 시대 해시계인 앙부일구. 시계판이 가마솥같이 오목하고 하늘을 우러러보고 있다고 해서 이런 이름이 붙었다. 시각뿐만 아니라 절기까지 알 수 있는 독창적인 해시계이다. 2 옥스퍼드 과학사 박물관에 전시된 앙부일구

데 거기에는 다음과 같은 설명이 붙어 있었다.

한국의 해시계. 이 해시계는 1880년대의 것이지만, 한국에서 일반인들이 이러한 해시계를 널리 사용한 것은 15세기부터였다.

우리나라 해시계의 역사는 삼국 시대로 거슬러 올라간다. 삼한 시대에 하늘에 제사 지내는 곳을 소도라 했는데, 거기에 세운 솟대가 해시계 구실을 하였을 것으로 짐작되기도 한다. 유물로는 7세기 이후 신라 시대에 만들어진 해시계로 보이는 돌 파편이 국립 경주 박물관에 보존되어 있다.

그러나 기록상으로 해시계가 나타난 것은 15세기 초 조선 세종 때의 일이다. 이때 여러 가지 해시계를 만들었는데, 대표적인 것이 앙부일구이다. 앙부일구는 반구 모양의 해시계로 북극을 향한 바늘의 끝이 만드는 그림자가 시각을 알려 주고, 절기까지 정확하게 지시하도록 되어 있다. 말하자면 달력 겸용 해시계인 셈이다. 이처럼 절기까지 알려 주는 해시계를 발명한 나라는 많지 않다.

앙부일구는 과학적으로 매우 뛰어난 해시계일 뿐만 아니라, 서울의 혜정교와 종묘의 남쪽 거리에 설치하여 백성들이 오가면서 볼 수 있게 한 최초의 공중 해시계라는 점에서 의미가 있다. 나중에는 개인이 지니고 다닐 수 있는 형태로까지 발전하였다.

이처럼 훌륭한 해시계의 전통을 가진 우리가 지금은 박물관에서만 해시계를 볼 수 있다니 못내 아쉽다. 우리도 대학이나 연구소, 나아가 아파트 벽에 걸린 해시계를 보며 시각을 가늠할 수 있다면 참 좋을 텐데……. 머지않아 그런 날이 오리라 상상해 본다. 🗨끝

런던에서 옥스퍼드 가기

옥스퍼드에 가기로 한 날 아침, 우리는 전날 표를 예매해 둔 빅토리아역 근처 코치 스테이션을 찾아갔다. 영국은 교외로 다니는 큰 버스를 코치Coach라고 하는데, 이 버스에는 쾌적한 여행을 위해 화장실까지 설치되어 있었다.

이른 시간이라 그런지 버스에는 우리 일행 말고는 영국인 한 명이 타고 있을 뿐이어서 썰렁한 느낌이 들었다. 버스는 하이드 파크 앞을 지나 런던을 천천히 빠져나갔다. (그러고 보니 정작 그 유명한 런던 하이드 파크를 본 것은 이날 버스 안에서뿐이었다!) 1시간 반쯤 졸기도 하고 창밖으로 교외 풍경을 감상하기도 하는 사이, 어느덧 버스는 옥스퍼드 시내로 들어서고 있었다.

옥스퍼드는 인구 20만 명 중 학생이 5만 명이나 되는 대학 도시로, 그 역사는 13세기에 시작되었다. 약 43개의 독립적인 칼리지들로 구성된 옥스퍼드 대학은 케임브리지 대학과 함께 영국 대학의 양대 산맥으로 손꼽힌다. 철의 여인으로 이름 높은 마거릿 대처와 블레어 전 총리를 비롯한 영국의 많은 총리들이 옥스퍼드 대학 출신이며, 핼리 혜성으로 유명한 에드먼드 핼리와 화학자 보일도 옥스퍼드에서 연구를 했다. 무엇보다 옥스퍼드는 영국에서 가장 오래된 대학으로, 특히 대학 내 과학사 박물관과 자연사 박물관이 역사가 깊기로 유명하다.

드디어 도착. 버스에서 내리자 우리는 춥기도 하고 잠도 깰 겸 해서

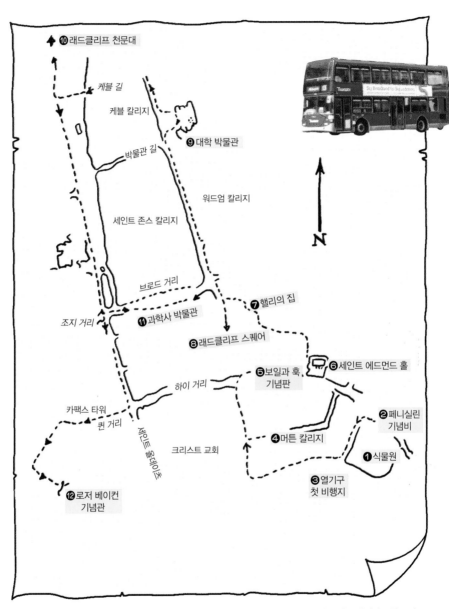

10 래드클리프 천문대

케블 길

케블 칼리지

9 대학 박물관

박물관 길

워드엄 칼리지

세인트 존스 칼리지

브로드 거리

조지 거리

11 과학사 박물관

7 핼리의 집

8 래드클리프 스퀘어

5 보일과 훅 기념판

6 세인트 에드먼드 홀

2 페니실린 기념비

하이 거리

4 머튼 칼리지

카팩스 타워

퀸 거리

세인트 올데이즈

크리스트 교회

1 식물원

3 열기구 첫 비행지

12 로저 베이컨 기념관

N

옥스퍼드 사이언스 워크 지도

빅토리아 코치 스테이션. 빅토리아 지하철 역에서 나와 큰길을 따라 걸어가자 건물이 보였다. 대합실. 옥스퍼드로 가는 버스는 10분 간격으로 있었다. 3, 4 옥스퍼드 시내. 대학 도시라는 이름에 걸맞게 도시 전체가 하나의 커다란 캠퍼스 같다.

카페에 들어갔다. 카푸치노를 홀짝이며 옥스퍼드에서 무엇을 볼 것인지 점검해 보았다.

옥스퍼드에 온 가장 큰 이유는 바로 옥스퍼드가 배출한 과학자들의 자취를 찾아보기 위해서였다. 특히 옥스퍼드에서 대학을 다녔거나 강의했던 과학자들, 그리고 대학 안에 있는 자연사 박물관과 과학사 박물관이 궁금했다. 옥스퍼드 홈페이지를 방문했을 때 '사이언스 워크Science Walk'라는 프로그램이 눈에 띄어 읽어 보니, 과학자들이 살았던 집, 실험실, 박물관 등 열두 군데에 이르는 과학 유적지를 차례로 소개하고 있었다. 이곳들을 다 찾을 수 있을까? 홈페이지에서 뽑은 흐릿한 지도를 보며 걱정은 됐지만 마치 보물찾기라도 떠나는 양 들뜬 마음으로 첫 번째 지점을 찾아 나섰다.

출발! 과학 산책

옥스퍼드 사이언스 워크는 식물원보타닉 가든에서 시작한다. 버스 정류장 근처의 중심가인 하이 거리High Street를 따라 직진해 올라가니 식물원이 보였다. 옥스퍼드 대학의 여러 단과 대학들과 함께 시작된 만큼 오랜 역사를 자랑하는 식물원이기에 사이언스 워크의 첫 번째를 장식한 것이리라.

1621년에 만들어진 이 식물원은 처음에는 허브와 약용·실험용 식물을 재배했다. 그 뒤 수집을 더해, 지금은 수천 종의 식물들이 자라고 있다. 식물원을 처음 맡아 이렇게 멋진 공간으로 가꾼 제이콥 보바트1599~1680, 영국의 식물학자·정원사를 기리는 기념비는 사이언스 워크의 6번째 지점이었다.

높은 담으로 둘러싸인 식물원은 푸른 나무들로 잘 조성돼 있었다. 식물원 담 넘어 바깥쪽에는 축구 경기를 할 수 있을 만큼 널찍한 잔디밭이 펼쳐져 있었는데, 바로 이곳에서 영국 최초의 열기구 비행사 제임스 새들러가 열기구를 타고 하늘로 올라갔다고 한다. 저 하늘로 올라가 옥스퍼드의 건물들을 내려다보았겠지? 런던 시내도 그렇지만 영국의 대다수 건물들은 내부만 수리할 뿐, 오래된 건물들을 그대로 유지하고 있다고 한다. (그래서 집 수리도 어릴 때부터 자연스럽게 배운다나.) 그렇다면 제임스가 내려다보았던 옥스퍼드의 건물들 역시 지금의 건물들과 그리 크게 다르지 않았을 것이다.

식물원 입구에는 페니실린 기념비가 있었다. 세균의 세포벽을 파괴하는 강력한 항생제로 인류를 구한 페니실린. 이것을 발견한 사람이 알렉산더 플레밍1886~1955이라는 사실은 널리 알려져 있다. 그러나 그는 푸른곰팡이에서 나오는 항생 물질인 페니실린을 발견하기만 했을 뿐, 추출해 내지는 못했다. 그로부터 10년 후 옥스퍼드 대학의 두 학자, 어니스트 체인과 하워드 플로리가 순수한 페니실린을 정제해 냈다. 드디어 페니실린을 약으로 널리 쓸 수 있는 길이 열린 것이었다.

¹ 식물원 내부 ² 페니실린 기념비. 이렇게 안에 숨겨져 있으니 찾기가 어려울밖에! ³ 제임스가 열기구를 띄웠던 광장. 이곳에 사람들이 모여 열기구가 떠오르는 것을 지켜봤겠지? ⁴ 열기구가 그려진 제임스 집의 동판

James Sadler
1753 – 1828
First English Aeronaut
who his fire balloon
made a successful
ascent from near this
place 4th October 1784
to land near Woodeaton

페니실린은 제2차 세계 대전에서 연합국을 승리로 이끈 주역이라는 찬사를 얻었으며, 당시 영국 총리였던 윈스턴 처칠의 폐렴을 치료해 세계적으로 주목을 받았다. 페니실린을 시작으로 여러 항생제들이 만들어졌고, 항생제는 세균 감염으로 생명을 잃을 위기에 놓인 많은 사람들을 구해 왔다. 이런 페니실린을 추출해 낸 장소가 바로 옥스퍼드 대학이니, 이곳에 기념비를 세워 놓을 이유가 충분하다.

그러나 세균에 대해 백전백승을 거둘 것 같았던 항생제도 세균의 내성 앞에는 힘을 쓰지 못했다. 살아남은 세균들의 내성은 전이되어 결국 여러 개의 항생제로도 치료할 수 없는 감염을 일으켰다. 기념비의 글자들이 읽기조차 힘들 정도로 닳고 닳는 동안 세균은 항생제에 대한 내성을 키워 왔나 보다.

과학자들의 흔적을 찾아서

사이언스 워크에 표시된 장소들 중에 눈에 띈 과학자들이 있었는데, 바로 보일과 훅 그리고 핼리였다. 옥스퍼드 대학에서 연구한 보일과 훅의 연구실과 핼리의 집이 사이언스 워크에 포함돼 있었다. 우리가 거쳐 올라온 하이 거리를 따라 내려가며 찾아본 보일과 훅의 실험실은 아쉽게도 남아 있지 않았다. 커다란 벽에 붙어 있는 기념판뿐······.

일정한 온도에서 기체의 압력을 높이면 부피가 감소한다는 것을 실

처칠 수상 구하기

제2차 세계 대전…

페니실린도 세균들과 치열한 교전을 벌였다.

엄호하라!!

세균놈들을
모두 소탕했다…

예?!

대장, 놈들을 모두
소탕했으니…
이제 퇴근합시다.

처칠 수상을
구하러 간다!

퇴근할
시간인데…

험으로 증명한 보일, 그리고 현미경을 만들어 살아 있는 세포를 보게 한 훅. 과학 시간에 등장하여 익숙한 두 과학자의 기념판을 보며, 보일과 당시 보일의 조수였던 훅이 함께 성능 좋은 공기 펌프를 만들어 공기를 빼내고 진공 상태를 만드는 실험을 했을 장면을 떠올려보았다.

보일과 훅의 연구실이 없다는 허전함 때문이었을까? 출출해진 우리는 곧 점심 먹을 곳을 찾기로 했다. 학교 근처이니 왠지 싸고 맛있는 집이 있을 듯해서 두리번거리다 들어간 곳은 샌드위치와 샐러드를 파는 카페. 그런데 양이 너무 많았다. 여기도 대학가라서 그런 것일까? 우리나라 대학가에 있는, 학생들을 위한 양 많은 집들이 떠올랐다.

부른 배를 두드리며 찾아간 다음 코스는 에드먼드 핼리의 집. 옥스퍼드 대학을 다니고 교수로도 있었던 핼리의 집은 찾기가 쉽지 않았다. 이 골목 근처가 맞다 싶어 가 보면 없기가 일쑤여서 근처의 골목을 샅샅이

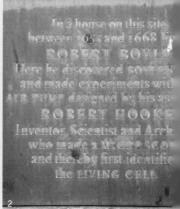

1 하이 거리 담장에 붙어 있는 보일과 훅의 기념판 2 보일의 법칙을 세운 로버트 보일과 현미경을 만든 로버트 훅이 이곳에 머물렀다. 이 길을 따라 내려가면 유니버시티 대학이 나오는데, 우주론으로 유명한 스티븐 호킹이 이 대학을 졸업했다고 한다. 3 래드클리프 스퀘어. 의사였던 존 래드클리프가 기증한 자본으로 1749년에 완공된 도서관이다. 멋진 외관으로 옥스퍼드를 대표하는 건축물 중 하나이다. 4 핼리의 집으로 가는 골목 앞에 허트포드 다리가 보인다. 골목 안으로 들어가면 핼리의 집이 나온다. 5 핼리의 집. 주변의 집과 별로 다를 바 없는 평범한 건물로, 현관에 핼리의 집이라고 적힌 작은 간판이 있다.

3

4

5

뒤졌다. 막다른 골목을 만나 돌아 나오기도 수차례. 알고 보니 핼리의 집은 처음에 무심코 스쳐 지나간 곳이었다.

　문패에 적힌 핼리의 이름을 빼놓고는 특별한 것이 없어 보이는 단출한 건물이었다. 당시 혜성의 주기를 계산한 핼리 덕분에 뉴턴 역학의 정

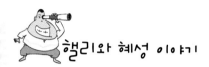

핼리와 혜성 이야기

에드먼드 핼리는 행성이 태양과의 힘 때문에 일정한 운동을 할 것이라고 생각했다. 그러던 차에 뉴턴을 만나, 혜성이 태양계의 한 식구이고 궤도는 타원형이며 태양의 둘레를 회전한다는 이야기를 듣게 되었다. 핼리는 자기가 관측했던 혜성의 주기를 계산하고 1705년 발표한 대표작 《혜성의 천문학 개요》에서 1682년 나타났던 혜성이 1758년경 다시 올 것이라고 예측했다. 역사 기록을 찾아본 그는 1531년, 1607년, 1682년에 각각 관측된 혜성이 같은 것이며 약 76년을 주기로 나타난다는 결론을 내렸다. 그가 죽고 난 후 1758년, 핼리가 예측했던 혜성이 나타나자 사람들은 핼리를 기려 혜성에 그의 이름을 붙였다. 대부분의 혜성에 발견자의 이름을 붙이지만 핼리 혜성만 특별한 대우를 받은 셈이다.

그런데 혜성은 대체 어떤 것일까? 한마디로 더러운 눈덩어리쯤이라고 생각하면 된다. 혜성에는 탄소, 얼음, 바위, 암모니아, 질소 등이 섞여 있다. 혜성이 태양에 가까워지면 태양빛과 태양에서 날아오는 입자 때문에 뒤로 밀려 나가 꼬리가 생긴다. 혜성의 꼬리에 얽힌 일화 하나! 1910년, 그해 나타날 핼리 혜성은 꼬리가 지구를 스치고 지나갈 것이라는 예측이 나오자 혜성의 가스에 질식사한다는 소문이 퍼져 방독면이 불티나게 팔렸다고 한다. 별다른 영향 없이 지나가긴 했지만 혜성은 이렇게 사람들에게 두려움을 안겨 주기도 했다. 그 후 핼리 혜성은 1986년 초 지구에 가까이 왔고, 다음 나타날 시기는 2062년으로 예측된다.

당성이 확인되었고, 전쟁이나 전염병 등 재앙의 징조로만 믿어 왔던 혜성에 얽힌 미신이 사라지게 되었다. 핼리는 뉴턴과의 인연으로도 유명한데, 그는 《프린키피아》가 출판되도록 뉴턴을 격려하고 자비를 들여 책을 출판했다. 그의 노력이 없었다면 뉴턴의 명저 《프린키피아》는 세상에 나오지 못했을 수도 있다.

영국 과학사의 뿌리 _ 옥스퍼드 과학사 박물관

핼리의 집에서 살짝 실망감을 맛본 우리는 옥스퍼드 과학사 박물관에 기대를 걸었다. 1683년에 지어진 이곳은 세계 최초의 과학사 박물관으로, 대중을 위해 지어진 첫 번째 과학사 박물관이라는 점에서도 의미가 있다. 말하자면 옥스퍼드 과학사 박물관은 옥스퍼드와 영국 과학의 역사가 뿌리 깊다는 것을 보여 주는 곳이다.

옥스퍼드 과학사 박물관이 세워진 시대는 계몽주의가 싹틀 무렵으로, 사람들은 이성을 중요하게 여기면서 새로운 시각으로 자연을 관찰하고 실험했다. 이곳은 소장품을 볼 수 있는 전시관인 동시에 연구를 위한 실험과 강의가 열리는 과학 교육의 장소이다. 400년 가까이 수많은 실험과 강연을 한 건물이니, 과학사의 증거를 고스란히 품은 이 건물 자체가 과학사라는 생각이 들었다.

낡은 문을 밀고 들어서니 고풍스러운 장식장들이 즐비한 1층이 한눈에 들어왔다. 중앙에 2층으로 올라가는 오래된 나무 계단이 있는데, 계단 주위를 비롯해 벽마다 걸린 과학자들의 초상화와 대형 과학 도구들이 먼저 눈에 띄었다. 이곳에는 옥스퍼드에서 실험했던 도구와 장치들, 천문대에서 사용했던 관측 기구, 그리고 영국의 많은 과학자들이 논쟁했던 과학계의 자료 등이 집대성되어 있었다.

대략 1만여 점에 이르는 전시물은 자연 관찰이 시작된 이래 20세기 초까지 거의 모든 분야의 실험 기구와 과학 관련 자료들를 망라한다고 한다. 예컨대 천동설과 지동설을 설명하는 정교한 모형들은 지구가 중심이고 모든 천체가 그 주위를 도는지, 아니면 태양이 중심이고 지구가 그 주위를 공전하는지를 둘러싼 논쟁을 여러 각도로 보여 주고 있었다.

각양각색의 해시계와 모래시계들에서는 어떻게 하면 태양의 움직임을 이용해 정확한 시각을 알 수 있는지에 대한 노력을 읽을 수 있었다. 무엇보다 해시계 전시장 안에는 우리나라의 앙부일구가 있어 어찌나 반갑고 기분 좋던지…….

그 밖에도 현미경과 망원경, 카메라 등의 광학 기구와 화학 실험에 쓰인 실린더와 비커, 페니실린을 추출해 낸 실험 장치 등도 있었다. 실험 기구들이 시대별로 어떻게 변화했는지를 살펴볼 수 있는 흥미로운 자리였다.

과학은 이렇게 다양한 실험 도구와 관측 장비들을 만들고 사용하며 얻은 노하우 속에서 한 걸음씩 나아갔으리라. 옥스퍼드 과학사 박물관의 오랜 역사를 말해 주는 자료들도 많았다. 과학자들이 계산하고 측정

1 옥스퍼드 과학사 박물관 입구 2 전시실. 천체의 위치와 움직임을 설명하는 천구의와 지구본 등이 전시되어 있다. 3 잉글랜드 북서부 웨스몰랜드에 살던 백작 부인의 천연 자석. 왕관 아래 놓인 천연 자석을 옛날에는 신비한 힘을 지닌 부적처럼 사용했다고 한다. 4, 5 (왼쪽부터) 천동설과 지동설을 설명하는 모형. 가운데 있는 것이 각각 지구와 태양이다. 6 천문학자 로웰이 직접 스케치한 달. 마치 사진을 찍은 듯 세밀하다.

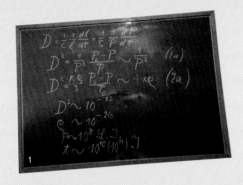

¹아인슈타인이 1931년 옥스퍼드에 와서 강연할 때 직접 쓴 칠판 글씨. 과학사 박물관이 자랑하는 유물 중 하나이다. ²페니실린 실험에 쓰인 여러 도구들 ³손때 묻은 현미경들에서 옥스퍼드 실험실의 전통이 느껴진다. ⁴지하 전시실. 오래된 지하실의 천장 모양을 그대로 유지해 고풍스러움을 더한다.

하고 그렸던 필사본과 초판본, 간단한 인쇄물에서 사진 현상 자료까지 있어, 해마다 끊이지 않고 굵직굵직한 특별전을 열 수 있는 밑거름이 된다. 우리가 갔을 때는 무선 통신을 개발하여 노벨상을 받은 마르코니에 관한 전시가 열리고 있었다.

감각이 살아 있는 전시 _ 옥스퍼드 자연사 박물관

과학사 박물관 맞은편에는 자연사 박물관이 있다. 과학사 박물관에서 나와 길을 건너고 아담한 잔디밭을 가로질러 자연사 박물관에 들어섰다. 유리 지붕을 통해 들어오는 부드러운 햇살 덕분일까? 아니면 높은 천장과 멋진 기둥들에 둘러싸인 아치형 건물의 아름다움 때문일까? 들어서면서 왠지 모를 아늑함과 따스함이 밀려왔다.

'아니 이런, 하나하나가 다 다른 암석이네!'

전시실을 둘러싼 기둥들을 바라보다가 나도 모르게 감탄사가 새어나왔다. 분홍색 화강암으로 되어 있는 기둥, 짙은 회색의 석회암 기둥, 붉은 벽돌색의 역암 기둥…… . 같은 석회암이라도 석탄기의 석회암, 데번기의 석회암 등 종류별로 기둥을 만들어, 그 자체가 암석의 표본이었다.

모두 30개의 기둥이 건물을 받치고 있었는데 각 기둥의 윗부분은 복잡하고 화려한 식물, 새 등의 조각상으로 장식되어 있고 기둥 사이에는 과학자들의 조각상이 자리 잡고 있었다. 두 개의 렌즈를 들고 있는 갈릴

레이, 손 아래 두 마리의 뱀그리스·로마 신화에서 의술을 담당하는 신
아스클레피우스이 지팡이를 감고 있는 히포크라테스, 발치에 떨
어진 사과를 내려다보는 뉴턴, 도형이 그려진 두루마리를 들
고 있는 유클리드 등 과학사를 이끈 대표적인 과학자들이 둘
러서서 우리를 지켜보고 있는 듯했다. 다른 자연사 박물관들
처럼 암석 표본을 전시실에 진열하고 조각상을 바닥에 세워
놓았다면 이런 느낌이 들지 않았을 것이다.

중앙 홀에는 티라노사우루스를 비롯한 많은 공룡 뼈
들이 전시돼 있었는데, 옥스퍼드 근처에서 발견된 공
룡의 뼈와 발자국을 재현해 놓은 것들이 많았다. 1860년에는 세티오사
우루스의 거대한 뼈 화석이 발굴되었고, 1997년 옥스퍼드 근처 엘리에
서는 12개나 되는 공룡 발자국 화석이 발굴되었다.

뉴턴

라이프니츠

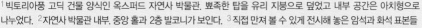
¹ 빅토리아풍 고딕 건물 양식인 옥스퍼드 자연사 박물관. 뾰족한 탑을 유리 지붕으로 덮었고 내부 공간은 아치형으로
나누었다. ² 자연사 박물관 내부. 중앙 홀과 2층 발코니가 보인다. ³ 직접 만져 볼 수 있게 전시해 놓은 암석과 화석 표본들

공룡 화석들을 비롯해 '옥스퍼드 도도'로 불리는 도도새의 뼈 등 오랜 시간에 걸쳐 옥스퍼드 대학이 발굴하고 연구한 자료는 당시 사람들에게 적잖은 화젯거리를 던져 주었다. 공룡 화석의 경우, 인류가 생겨나기 전에 거대한 동물들이 살았다는 사실을 증명해 준 셈이니 얼마나 신기하고 놀라웠을까?

광물 표본이나 지질 구조, 화석, 동물 박제 중에는 유리 전시실 밖에 나와 있는 것들도 있었다. 그것들의 문양이나 골격을 직접 만져 보는 것은 단순히 보는 것과는 확실히 다른 감흥을 주었다. 언제 다시 이런 것을 만져 볼 수 있겠는가? 구석구석 쓰다듬으며 지구의 역사를 느껴 보자!

유클리드

중앙 홀을 나와 2층으로 올라가니 몇 세기에 걸쳐 대학에서 수집한 동물과 식물, 곤충, 광물 표본들이 발코니마다 전시되어 있었다. 옥스

3

중앙 홀의 가운데에 이구아노돈의 뼈를 복제해 놓은 것이 보인다.

퍼드 대학의 역사만큼이나 오래된 수많은 표본들이 있었는데, 특히 다채로운 빛깔의 아름다운 날개를 자랑하는 나비들의 표본이 눈에 들어왔다. 벌집과 함께 살아 있는 벌도 전시돼 있어 흥미로웠다. 프랑스 파리 발견의 전당에서 개미의 집을 통째로 보여 주었던 것이 떠올랐다.

그 밖에 옥스퍼드 출신이었던 다윈의 초상화와 《종의 기원》에 대한 글, 비글호를 타고 썼던 일기와 수집품, 그리고 당시 진화론 논쟁에 관한 기사들도 전시되어 있었다. 진화론의 대표 선수로 논쟁 전문이었던 토머스 헉슬리1825~1895의 초상화도 있었다. 그는 일명 다윈의 '불도그'로 불렸다는데……. 1860년 이곳에서 열린 영국 과학 발전 협의회에서

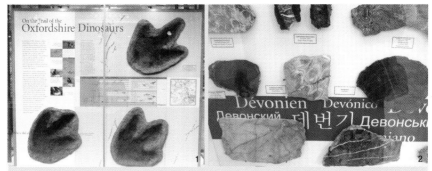

¹옥스퍼드 근교에서 발굴된 공룡 발자국들. 공룡이 걸어간 흔적이 고스란히 남아 있다. ²조각상과 기둥 뒤 지질 시대순으로 암석과 화석이 전시되어 있다. 한글로 적힌 '데번기'가 눈에 들어온다.

진화론과 창조론은 한판 대결을 펼쳤다고 한다. 진화론이 옳다는 입장인 헉슬리와 창조론을 옹호하는 윌버포스 주교를 중심으로 많은 사람들이 진화와 창조에 대한 의견을 쏟아 낸 것이다.

옥스퍼드 자연사 박물관은 런던 자연사 박물관처럼 크고 화려하지는 않지만 대학에서 오랫동안 연구하고 수집해 온 자료를 효율적으로 전시했다는 점에서 인상적이었다. 규모도 중요하지만 그 대학만의 특색을 살려 알차게 기획하는 것 역시 중요하다는 생각이 들었다. 이곳을 비롯한 사이언스 워크 지점들은 옥스퍼드 과학의 흐름과 의미를 차분히 말해 주고 있었다.

그렇다면 우리도 과학관이나 박물관, 과학자들의 흔적을 엮어 사이언스 워크를 해 보면 어떨까?

서울 도심에는 하루 코스로 둘러볼 수 있는 과학 명소들이 많다. 우선 대학로가 있는 혜화역 근처 와룡동에 가면 국립 서울 과학관이 있다. 전시장도 둘러보고 과학 교실에도 참여할 수 있다. 국립 서울 과학관에 간

도도새와 《이상한 나라의 앨리스》

옥스퍼드 자연사 박물관에는 오래전에 만들어진 도도새의 조각상과 골격 모형, 그리고 그림이 있다. 도도새는 16세기 아프리카 모리셔스 섬에서 네덜란드와 포르투갈 선원들에게 처음 발견되었다. 사람을 전혀 무서워하지 않았고 몸무게가 25킬로그램에 달해 날지 못했던 이 새를 가리켜 선원들은 포르투갈 말로 '바보'를 뜻하는 '도도(dodo)'라 부르며 마구 잡아먹었다. 게다가 섬에 사람들이 정착해 산림을 파괴하고 가축을 기르면서 도도새의 서식지와 먹이가 줄어들고 쥐가 질병을 퍼뜨려, 이 새는 1663년 마지막으로 목격된 뒤 영영 사라지고 말았다.

옥스퍼드 대학에서는 도도새의 유일한 골격 표본을 가지고 있었으나 1755년 불타 버려 몇 개의 뼈만 남아 있고 현재 자세한 형태는 알 수가 없다.

도도새는 영국 작가 루이스 캐럴이 쓴 《이상한 나라의 앨리스》에도 등장한다. 이 동화에서 도도새는 앨리스에게 원을 그리며 달리는 코커스라는 경기를 가르쳐 준다. 루이스 캐럴은 옥스퍼드 대학에서 수학을 가르쳤는데, 자신이 있던 대학 학장의 딸 앨리스에게 들려주기 위해 《이상한 나라의 앨리스》를 썼다. 이 동화에 담긴 옥스퍼드 주변의 이야기 중에 옥스퍼드의 명물인 도도새도 한몫을 한 셈이다.

옥스퍼드 자연사 박물관에 있는 도도새 관련 전시물

다면 길 건너 창경궁에도 들러 보자. 궁궐 안 풍기대라는 곳에서는 2미터 정도 되는 돌 받침을 볼 수 있다. 이 받침의 구멍에 깃대를 꽂고 그 깃대에 기를 달아 풍향과 풍속을 측정했다. 주변에 해시계인 앙부일구와 강수량을 측정하는 측우기도 전시되어 있다. 앞선 과학 기술로 정확한 기상 관측을 시도했던 우리 과학사가 자랑스러워질 것이다.

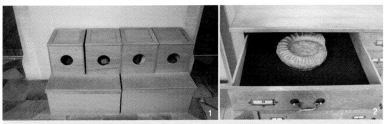

¹커다란 나무 상자 안에 손을 집어넣고 화석을 만져 보면서 어떤 것인지 맞혀 본다. ²서랍마다 해당 알파벳으로 시작하는 전시물이 들어 있다. 서랍 'a' 안에는 나선형의 암모나이트 화석이 들어 있었다.

　　자연사 박물관을 보고 싶다면 서대문 자연사 박물관이나 이화여대 안에 있는 자연사 박물관을 가 보자. 이처럼 우리만의 사이언스 워크 장소를 찾아본다면 잔잔한 재미와 함께 우리 선조들의 과학 기술을 발견하는 좋은 기회가 되지 않을까. 빈생

옥스퍼드 찾아가기

홈페이지 ▶ 옥스퍼드 대학 www.ox.ac.uk

교 통 편 ▶ 버스 : 런던 Victoria Coach Station에서 National Express(10~20분 간격) → Oxford(1시간 30분 소요)

　　　　　기차 : 런던 Paddington 역 → Oxford(약 1시간 5분 소요)

옥스퍼드 과학사 박물관

홈페이지 ▶ www.mhs.ox.ac.uk

주　　소 ▶ Museum of the History of Science, Broad Street, Oxford OX1 3AZ

개관 시간 ▶ 화~금요일 12:00~17:00 토요일 10:00~17:00 일요일 14:00~17:00 월요일 휴관

입 장 료 ▶ 무료

옥스퍼드 자연사 박물관

홈페이지 ▶ www.oum.ox.ac.uk

주　　소 ▶ Oxford University Museum of Natural History, Parks Road, Oxford OX1 3PW

개관 시간 ▶ 10:00~17:00

입 장 료 ▶ 무료

서울 사이언스 워크를 떠나 보자!

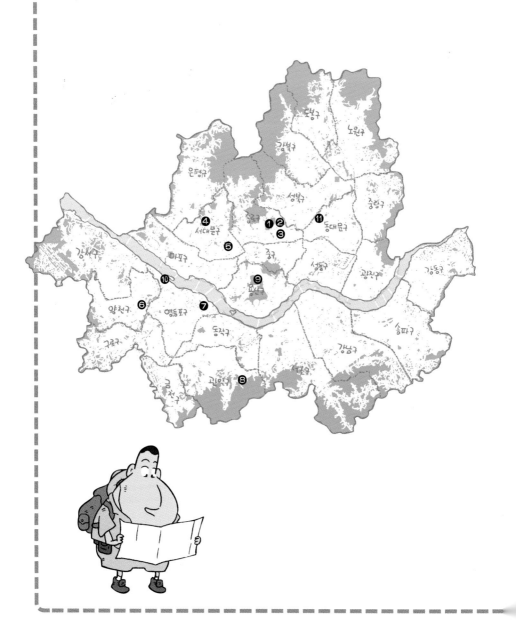

❶ 국립 서울 과학관 www.ssm.go.kr
과학 체험 전시관과 과학 교실, 특별 기획전, 과학 영화 상영 등 다채로운 프로그램을 운영한다.

❷ 로봇 박물관 www.robotmuseum.co.kr
세계 최초의 로봇과 우주 관련 전시물 3500점을 수집, 전시하고 있다.

❸ 창경궁 cgg.cha.go.kr
궁궐 안에 있는 풍기대는 영조 8년(1732)에 만들어진 것으로 추정된다. 구멍에 깃대를 꽂고 그 깃
대에 기를 달아 바람의 방향과 속도를 재던 것으로, 24방향을 측정하였다.

❹ 서대문 자연사 박물관 namu.sdm.go.kr
지질 시대별 전시관과 생태관. 교육 프로그램으로 박물관 교실과 체험 교실을 운영한다.

❺ 이화여대 자연사 박물관 nhm.ewha.ac.kr
우리나라 자연사 박물관 1호. 상설 전시, 특별 기획전이 열린다.

❻ 생명 과학 체험 박물관 www.biom.or.kr
청소년과 가족 단위의 다양한 체험과 교육 프로그램, 이벤트를 기본 예약제로 운영한다.

❼ LG 사이언스 홀 www.lgscience.co.kr
첨단 과학 체험 학습관과 전시관이 있다. 미래 과학 기술을 볼 수 있는 전시물이 많다.

❽ 서울 특별시 과학 전시관 www.ssp.re.kr
과학 체험 학습장, 천문대, 생태 체험관 등이 있다. 천문대와 생태 체험관 견학은 예약해야 하며,
놀이를 통해 배울 수 있는 야외 과학 체험 학습장이 있다.

❾ 별난 물건 박물관 www.funique.com
상식을 깨는 발명품과 과학 놀이 완구 들. 직접 만지고 작동해 볼 수 있다.

❿ 선유도 생태 공원 www.sunyoudo.aaa.to
과거 정수장으로 쓰던 건축 구조물을 재활용하여 국내 최초로 조성된 환경 재생 생태 공원이자
물 공원. 수질 정화원, 수생 식물원 등이 잘 갖춰져 있다.

⓫ 세종대왕 기념관 www.sejongkorea.org
세종 때 강수량을 측정했던 측우기와 수표를 비롯해 해시계, 천문도 등이 전시되어 있다.

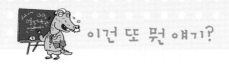

영국 날씨를 말하다
풍경화

　19세기 풍경화로 유명한 화가 윌리엄 터너1775~1851는 영국 곳곳을 여행하며 바다와 강을 주로 그렸다. 그는 존 컨스터블1776~1837과 함께 영국의 국민화가로 불렸는데, 이들의 그림에 자주 등장하는 풍성한 구름과 안개는 영국 날씨를 잘 표현하고 있다.

　변덕스러운 날씨로 유명한 영국. 맑은 하늘이 갑자기 흐려지거나, 더웠다가도 금세 추워지는 일이 잦아 "하루 안에 사계절이 다 있다."라는 말이 있을 정도이다. 우리가 영국에 있을 때에도 멀쩡했던 하늘에 순식간에 구름이 드리워지며 비가 쏟아져 낭패를 보곤 했다. 그리니치에서는 소나기를 피해 가게 처마 아래서 처량하게 서 있었는가 하면, 맨체스터에서는 비를 흠뻑 맞으며 돌아다니는 바람에 때 아닌 추위에 떨기도 했다. 영국 신사들에게 우산이 필수라는 말이 괜히 나온 것이 아닌 듯하다.

　영국은 위도 50~60도에 위치한 나라이다. 이 위도는 시베리아 남부에 해당되어 매우 추울 것 같지만, 영국은 대륙의 서쪽에 위치한 데다 섬나라이기 때문에 해양성 기후의 영향으로 위도에 비해 따뜻한 편이다. 또한 해양은 대

1〈치체스터 운하(Chichester Canal)〉, 윌리엄 터너, 65.4×134.6cm, 1828년, 런던 테이트 브리튼 갤러리 소장 2〈웨이머스 만(Weymouth Bay)〉, 존 컨스터블, 75×53cm, 1816년, 런던 내셔널 갤러리 소장 3 버스 창 너머로 본 옥스퍼드 주변의 하늘. 이런 구름을 보는 일은 영국에서 흔하디흔하다.

위도에 따른 바람의 방향

류에 비해 비열이 크다. 즉 섭씨 1도를 올리는 데 해양은 대륙보다 4배 정도 많은 칼로리를 필요로 한다. 대륙은 빨리 가열되고 빨리 식지만 해양은 천천히 가열되고 천천히 식기 때문이다. 그래서 겨울에는 대륙보다 따뜻하고 여름에는 시원하다.

중위도 30~60도 사이, 편서풍이 부는 지역에 속한 영국은 대서양의 영향을 크게 받는다. 따라서 비가 많이 내릴 수밖에 없다. 우리나라도 편서풍대에 속해 있으나 대륙의 동쪽에 있어, 서풍이 불면 우리나라 서쪽에 있는 대륙의 영향을 받는다. 겨울에는 춥고 여름에는 더운 전형적인 대륙성 기후로, 영국의 기후와는 확연하게 차이가 난다.

같은 영국에서도 지형적인 차이로 서쪽과 동쪽의 기후가 서로 다르다. 영국의 서쪽은 대서양의 해류인 멕시코 난류의 영향을 받아 따뜻하고 습도가 높으며, 동쪽은 스칸디나비아와 시베리아의 찬 기류를 만나 상대적으로 춥고 짙은 회색 구름이 낀 날씨가 대부분이다.

치체스터 운하는 런던 남서쪽 영국 해협에 접한 항구에 있어 유난히 습기가 많다. 그림에서 화가는 운하에 낀 자욱한 안개를 은은한 색채로 그려 내어 안개의 촉촉한 느낌을 고스란히 전해 준다. 컨스터블이 그린 웨이머스 만은 잉글랜드 남부 해안이다. 그림은 바다에서 불어온, 습기를 가득 머금은 공기 덩어리가 가열된 지표면에서 올라가 높은 적란운을 만든 풍경이다. 영국 특유의 날씨가 이런 멋진 풍경화들을 낳은 셈이다.

　이 밖에도 영국을 상징하는 많은 것들이 날씨와 밀접한 관련이 있다. 프리미어 리그로 대표되는 영국 축구의 훌륭한 잔디 구장도 습기가 많고 비가 자주 오는 날씨 덕분에 만들어진 것이다. 그뿐인가, 흔히 버버리 코트로 불리는 영국의 트렌치코트도 비가 자주 오는 날씨 때문에 비에 잘 젖지 않는 코트를 고안한 것이 세계적인 히트 상품이 되었잖은가. 그러고 보면 날씨가 문화와 패션까지 좌우한다고 해도 과언이 아니다. 빗샘

시공간을 넘나드는 과학 교과서

런던 하이드 파크 남쪽, 사우스 켄싱턴의 '박물관 거리 Exhibition Road'에는 세계적으로 알려진 박물관들이 늘어서 있다. 빅토리아 왕조의 호화롭고 장쾌한 모습을 보여 주는 미술과 공예의 전당인 빅토리아·앨버트 박물관이 있고, 이곳에서 큰길을 사이에 두고 자리한 19세기의 화려한 건축물, 바로 화석 수집물로 유명한 런던 자연사 박물관이 있다. 그리고 런던 자연사 박물관과 등을 맞댄 위치에 런던 과학 박물관이 있다.

이 거리에 박물관들이 들어선 것은 19세기 중엽 이후로, 150년이 넘는 역사를 자랑한다. 19세기 중엽 영국에서는 산업화와 더불어 공교육의 중요성이 급격히 대두하였다. 이에 1851년 런던 하이드 파크에서 개최된 만국 박람회에 출품된 물품들을 옮겨 와, 일반인들이 자유롭게 볼 수 있도록 전시하기 위해 1857년 사우스 켄싱턴 박물관을 설립하였다. 사우스 켄싱턴 박물관에는 과학 기술 관련 전시물뿐만 아니라 공예와 미술 관련 전시물도 함께 전시되었다. 그 후 과학과 기술에 대한 수집품이 계속 늘어나, 1909년에 이 분야만 따로 떼어내 런던 과학 박물관을 지었다. 미술·공예 부분은 박물관의 이름을 빅토리아·앨버트 공예 박물관으로 바꾸어 사우스 켄싱턴 박물관이 있던 자리에서 전시하고 있다.

빅토리아·앨버트 공예 박물관, 런던 자연사 박물관, 런던 과학 박물관. 이 세 박물관 중 빅토리아·앨버트 공예 박물관은 제쳐두고 두 박물관이라도 제대로 보려면 시간이 많이 필요했다. 우리 일행은 첫날 사전

• 약의 과학과 기술관

• 수의학 역사관 •   6층

5층   • 인 퓨처   4층

• 의학 역사관   • 비행관

• 가상 롤러코스터

18세기 과학관 •   3층

• 해양 기술관

컴퓨터관 •   • 선박관

수학관

Who Am I?

• 전투기 전시관   2층

기상관

측량관

농업관

• 물질관

원거리 통신관

1층

• 패턴 팟

근현대 과학의 발달사
(Making the Modern World)

우주 탐험관

에너지관

극장

지하

우리 집의 비밀   • 론치 패드

• 더 가든

런던 과학 박물관 배치도

답사 차원에서 두 박물관을 대략 훑어본 다음, 일정 중 하루를 박물관 탐방의 날로 정하고 두 팀으로 나누어 관람하기로 하였다. 이샘과 빈 샘은 자연사 박물관 팀, 석원, 민규, 한샘과 나(김샘)는 과학 박물관 팀으로.

세계 최초의 공업국인 영국을 대표하는 이 과학과 공업의 전당은 다른 박물관에 비해 평범한 편이었다. 거무스름한 건물에다 입구에는 겸손하게도 'Science Museum'이라고 적힌 작은 금속 간판 하나만 달랑 달려 있어 자칫 지나쳐 버리기 십상이었다. 명성에 비해 화려하지 않은 외관 덕분에 오히려 마음 가볍게 들어갈 수 있겠다는 느낌이 들었다. 입장료가 무료이니 주머니까지 가볍다. 하지만 막상 내부로 들어서면 그 규모에 압도되어 놀라지 않을 수 없으니 마음의 준비를 하시길.

지상 6개 층과 지하, 그러니까 전체 7층으로 이루어진 런던 과학 박물관에는 과학, 기술, 그리고 산업 발달의 증거가 되는 자료와 역사적인 유물이 전시되어 있다. 비행기의 동체, 산업 기계와 같이 규모가 큰 것에서부터 마이크로 칩, 반도체와 같은 매우 작은 것까지 망라되어 있다. 오랜 역사만큼이나 전시물의 수도 30만 점에 이를 만큼 많고 다양하다.

¹과학관 내부. 가운데에 있는 둥근 고리에서 불빛이 공처럼 서로 부딪치며 환상적인 효과를 연출한다.
²세상에서 가장 오래된 증기 기관차

말 그대로 영국의 과학사를 한 자리에서 살펴볼 수 있는 살아 있는 과학 교과서로, 산업 혁명을 일으키며 현대 문명을 견인해 온 영국의 자존심을 펼쳐 보이는 곳이라 할 수 있다.

Making the Modern World, 영국 과학사를 꿰뚫다

박물관 입구로 들어서면 가장 먼저 커다란 증기 기관 여러 대가 눈길을 끈다. 그 뒤쪽으로도 덩치가 큰 전시물들이 바닥과 천장에 전시되어 있다. 하지만 여기에 현혹되어 큰 전시물 몇 개만 휙 쳐다보고 지나쳐선 안 된다. 1층Ground Floor에는 영국 과학의 발달사가 고스란히 담겨 있기 때문이다.

'Making the Modern World'라는 이름의 이 전시실은 1750년대부터 2000년에 이르기까지의 250년을 7개의 시대로 구분하였다. 여러 영역이 얽힌 과학의 발달사를 무 자르듯 나눌 수 없으므로 각 연대는 서로 겹치기도 한다.

3 동력을 전달하는 역할을 한 공장의 거대한 바퀴. 이러한 기계 덕분에 대량 생산이 가능해졌다. 4 과학 기술의 발달로 세탁기, 재봉틀, 피아노 등이 일상생활의 모습을 바꾸어 놓았다.

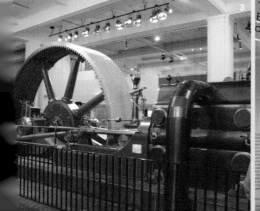
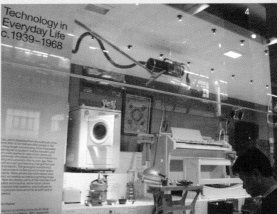

유리로 만든 여러 가지 실험 기구들

발밑을 보니 바닥에 연도가 표시되어 있었다. 이 연도별로 전시물이
과학사, 생활 용품, 시대를 대표하는 아이콘이라는 세 영역으로 분류되
어 있었다.

입구에서 볼 때 왼쪽 벽면에는 각 시대의 대표적인 사건과 그 시대의
특징을 가장 잘 드러내는 그림, 사진 그리고 작은 전시물이 전시되어 있
었다. 바닥과 천장 한가운데에는 증기 기관, 기관차, 비행기 등과 같은
덩치 큰 발명품이 있었고, 오른쪽 벽면에는 자전거, 약품, 재봉틀, 타자
기 등 그 시대에 발명된 생활 용품이 있었다. 영국 사람들은 생활 용품
쪽에 관심이 많은 듯 보였다. 할머니, 할아버지가 손자, 손녀들에게 옛
생활상을 설명해 주는 모습을 자주 볼 수 있었다.

1층 전시물에 대한 안내 패널에 따르면, 박물관의 전시 담당자들은
2000여 점에 이르는 전시물들을 3년에 걸쳐 고르고 정리하여, 일상생

활의 모든 영역과 관련된 물건들을 볼 수 있도록 하였다고 한다. 또 전시물들을 통해 과학과 기술의 새로운 출발을 볼 수 있을 것이라는 설명도 덧붙어 있다.

이제 준비가 되었으니 함께 시대순으로 따라가 보자. 참, 중요한 전시물 옆에는 노란색 등이 켜져 있다. 시간이 부족하다면 이 전시물만이라도 꼭 보도록 하자.

과학의 개화기 1750~1820

"지식의 빛이 이처럼 널리 퍼져 나간 시대는 일찍이 없었다."

18세기 화학자이자 지질학자였던 제임스 케어의 말에서 알 수 있듯,

1 수소 기체를 이용하여 샤를이 만든 열기구 2 화학자 험프리 데이비가 자신이 발견한 '웃음 가스(이산화질소)'의 성질을 사람들 앞에서 실험해 보여 주고 있다.

이 시기는 과학이 태동하는 시대였다.

18세기에 이르러 과학자들은 연구와 실험을 통해 세상을 이해할 수 있다는 확신을 품게 되었다. 인간의 이성에 대해 자신감을 갖게 된 것이다. 이러한 정신의 뿌리는 베이컨과 뉴턴으로 거슬러 올라간다. 베이컨은 "지식은 전통보다는 관찰에 기초해야 한다."라고 주장했고, 뉴턴은 우주와 지구에서 일어나는 자연 현상을 수식으로 명쾌하게 설명하였다.

과학사 관련 전시물 가운데 먼저 눈길을 끈 것은 1783년 샤를 교수가 한 수소 열기구 실험 장면이다. 당시 수소는 아연이나 철과 같은 금속 조각을 황산에 넣어 발생시킬 수 있었다. 수소는 공기보다 가벼워 기구에 채우면 하늘 높이 날아오를 수 있었던 것이다. 이 밖에 과학자가 공기의 성질에 대한 실험을 하고, 그 주위에 많은 사람들이 둘러서서 놀라거나 호기심에 가득 찬 얼굴로 바라보는 모습을 표현한 그림도 흥미롭다. 막 꽃피기 시작한 과학에 대한 기대이리라.

이 시대를 대표하는 아이콘으로는 1777년 제임스 와트1736~1819가 개발한 펌프질하는 증기 기관이 전시되어 있다. 이 증기 기관에는 '오래된 영광Old Bless'이라는 이름이 붙어 있었다. 엔진에 붙은 이름치고는 좀 특이했지만, 산업 혁명기에 가장 큰 역할을 했으니 그럴 자격이 있다는 생각이 들었다.

증기 기관의 역사

18세기 산업 혁명기의 주역은 증기 기관이었다. 증기 기관은 끓는 수증기가 가진 에너지로 주전자의 뚜껑이 오르내리는 것을 보고 와트가 발명했다고 알려져 있다. 하지만 증기 기관은 와트가 태어나기 전에 이미 사용되고 있었다.

여러 연구를 거쳐 증기의 힘을 쓸모 있는 동력원으로 최초로 발전시킨 사람은 영국의 공학자 뉴커먼이었다. 뉴커먼은 대기압을 이용한 증기 기관을 만들어, 석탄 광산으로 스며드는 물을 퍼 올렸다. 이것은 열을 동력원으로 한 와트의 증기 기관이 나오기 전까지 약 60년 동안 유럽과 미국 등에서 쓰였다.

와트는 보다 적은 연료로 더 높은 효율을 얻을 수 있도록 뉴커먼의 증기 기관을 개량하였다. 그는 증기 기관의 성능을 간단하고 알기 쉽게 설명하기 위해 마력의 개념을 도입하였다. 무거운 추를 도르래에 연결하여 깊은 우물에 떨어뜨린 다음, 말이 끌어올리도록 하여 마력의 크기를 정의하였다. 1마력은 말 한 마리가 1분 동안 하는 일의 양으로, 735와트(W)에 해당한다. 와트의 증기 기관은 적은 비용으로 높은 효율을 얻을 수 있어 널리 보급되었고, 당시 활기를 띠기 시작했던 공장제 산업에 가속도를 붙여 전 세계로 퍼져 나갔다.

1마력 = 735와트

기계를 이용한 제조업의 발달 1800~1860

과학의 개화기를 거쳐 1800년대로 넘어오자 사람들은 자신감과 활력이 넘치기 시작했다. 이런 자신감은 전시물에서도 느껴졌다.

1851년 영국에서 열린 큰 박람회에서 선보인 기계 장치들은 많은 사람들을 놀라게 했고, 이러한 기계 장치 덕분에 영국은 부강해졌다. 영국 신문 〈더 타임스The Times〉와 빅토리아 여왕은 기계 장치 그 자체의 '아름다움'을 예찬하기도 했다. 여왕이 나서서 아름답다고 했을 정도이니 과학 기술에 대한 기대가 얼마나 대단했을까? 당시 제작된 다양한 도르래 장치와 축바퀴를 보면 기계 장치의 아름다움을 예찬한 말이 과장이 아님을 알 수 있다. 도르래와 축바퀴의 종류가 이렇게 많을 수 있다니……. 예술 작품이라고 봐도 손색이 없을 정도였다.

이 시대를 대표하는 아이콘으로는 1833년 리처드 트레비식1771~1833이 발명한 엔진이 전시되어 있었다. 여기에는 '무한한 가치를 지닌 기

계'라는 문구가 붙어 있었다. 처음에 증기 기관차는 광산에서 석탄을 운반하는 역할에만 머물러 있었다. 그 후 트레비식은 광산의 철로를 일반 도로에 깔아 증기 기관차로 철도 운송을 시도했고, 그러면서 기차는 육상 운송 수단의 혁명을 일으켰다.

트레비식은 한 개의 실린더와 굴뚝이 달린 보일러로 만든 첫 증기 기관차를 1801년 시운전하는 데 성공하였다. 이듬해 그는 이 '증기로 움직이는 수레'로 특허를 따냈고, 실용화하기 위해 노력하였다. 그러다 마침내 1803년 철도용 증기 기관차를 운행하는 데 성공하였다. 이 기관차가 움직일 때면 고압의 증기가 피스톤을 위로 밀어 올리면서 밖으로 나갈 때 '폭puff' 하는 소리를 냈기 때문에 사람들은 이 엔진을 '퍼퍼puffer'라 불렀고, 이때부터 증기 기관차의 별명이 '칙칙폭폭puff-puff'이 되었다.

트레비식에 이어 철도 운송을 확실하게 정착시킨 사람은 조지 스티븐슨1781~1848이다. 그는 광산에서 화부로 일하던 아버지의 영향으로 어릴 때부터 증기 기관에 대한 지식을 틈틈이 쌓았다. 1830년 그는 총 길이 45킬로미터인 리버풀-맨체스터 철도의 건설을 맡아, 그 철도에서 증기 기관차를 운행할 수 있게 하려고 갖은 노력을 기울였다. 스티븐슨의 생각이 실행에 옮겨지자, 그가 건설한 철도는 곧 수송의 혁신을 가져왔다. 우선 비용이 당시 가장 일반적인 운송 수단이었던 승합 마차에 비해 3분의 1도 채 되지 않았다. 그리고 여행 시간을 단축했으며, 승차감도 훨씬 좋았다. 덕분에 철도 승객은 엄청나게 늘었고, 철도 회사는 큰돈을 벌게 되었다.

산업 도시와 공학자들 1820~1880

이 연대로 들어오자 분위기가 갑자기 달라졌다. 당시의 시대상을 그린 그림은 검게 물든 템스 강, 높게 솟은 공장의 굴뚝에서 나오는 시커먼 연기, 공장에서 일하는 어린 노동자의 지친 모습 등을 소재로 하고 있었다. 미래에 대한 희망보다는 암울함이 더 짙게 느껴졌다.

영국 작가 찰스 디킨스는 1854년《고된 시기 Hard Times》라는 소설에서 당시 상황을 다음과 같이 묘사했다.

큰 굴뚝과 공장이 있는 코크 타운이라는 도시에는 검은 운하가 흘렀고, 강에서는 염료 썩는 냄새가 났으며, 거대한 빌딩의 창문은 하루 종

급격한 산업화를 이룬 도시 풍경을 묘사한 그림

일 닫힌 채 흔들렸다. 또 증기 기관의 피스톤은 우울증으로 미친 상태
가 된 코끼리의 머리처럼 아래위로 반복적으로 움직이면서 일을 했다.

갑작스런 산업화는 사람들이 미처 예상하지 못한 변화를 불러왔다.
시골이 도시로 변했으며, 사람들의 생활 방식도 변했다. 1800년대 영국
의 인구는 3배로 늘었고, 사람들은 도시로 흡수되었다. 새로운 일과 강
도 높은 노동으로 도시에 사는 사람들은 병들어 가기 시작했다. 디킨스
의 글은 이러한 시대상을 묘사한 것이다. 자본주의 발흥기에 접어들던
19세기 전반기의 영국 대도시에서는, 화려한 번영의 이면에 끔찍한 빈
곤과 아동의 노동력 착취와 같은 비인도적인 면이 숨어 있었던 것이다.

1820~1880년대 산업 도시에서 사용된 생활 도구들

산업화의 폐해를 고발한 작가, 찰스 디킨스

《위대한 유산》, 《올리버 트위스트》 등의 작품으로 잘 알려진 영국 작가 찰스 디킨스 (1812~1870)는 어린 시절에는 가난해서 학교에도 거의 다니지 못했고 12살 때부터 공장에서 일을 하였다. 그는 가난에서 벗어나려고 노력한 결과, 신문사의 통신원으로 취직하여 갖가지 풍속에 관한 짧은 감상을 써서 보내는 일을 하였다. 이런 경험들을 토대로 단편 소설집 《보즈의 스케치》를 1836년에 출판하면서 문학가로서 삶을 시작 했다. 그 후 공장 직공의 파업을 다룬 《고된 시기》, 영국 산업 혁명기 노동자들의 비참 한 삶을 고발한 《올리버 트위스트》 등을 발표하여 이름을 더욱 떨치게 되었다. 작품 에서 그는 자신이 직접 겪으며 알게 된 사회 밑바닥의 생활상과 그들의 애환을 생생 히 묘사하는 동시에, 당시 사회의 모순과 부정을 과감히 지적하면서도 유머를 섞어 비 판했다.

제2차 산업 혁명 1870~1914

하지만 과학 기술의 발달은 멈추지 않았다. 19세기 후반에 들어서자 여러 국가들에서 새로운 기술과 새로운 재료를 이용하면서 산업화의 범위를 넓혀 갔다. 이 시대는 '철의 시대'이기도 했지만, 클로로포름으 로 대표되는 화학 혁명과 전기 에너지, 그리고 대량 생산의 시대였다. 일반적으로 이 시기를 제2차 산업 혁명기라고 부른다.

제1차 산업 혁명은 석탄과 증기와 철로 대표되었다. 그러던 것이 2차 산업 혁명기에 와서 기술은 더욱 발전하고 폭넓어졌다. 이 시대에 가장 눈에 띄는 것은 화학과 전기 기술의 발달이다. 염료, 비료, 플라스틱과

직물이 만들어졌고, 아스피린 등의 약이 발명되었다. 전기 에너지에 의한 빛과 열은 가정과 공장에서의 생활을 바꾸어 놓았다. 전기와 화학을 이용한 영화와 라디오는 사람들의 문화 생활에도 큰 영향을 끼쳤다.

이와 같은 산업 혁명은 대량 생산을 위해 보다 많은 자원과 노동력, 그리고 생산된 제품을 판매할 곳을 필요로 했다. 자본주의가 발전하면서 에너지 및 자원의 확보와 자본의 투자처로서 식민지를 필요로 한 것이다. 이에 따라 산업 혁명을 이루는 과정에서 다른 나라의 영토를 침략하여 식민지화하고 정치·경제적으로 영향력을 행사하는 제국주의의 폐해가 나타나기도 하였다.

제2차 산업 혁명으로 가정의 생활 환경도 완전히 뒤바뀌었다.

플라스틱의 발명

플라스틱은 자연에 존재하지 않는 물질을 화학자들이 인공적으로 만들어 일상생활에서 사용하는 고분자 화합물이다. 1862년 런던 만국 박람회에서 처음 소개된 플라스틱은 당시 '파키신'이라는 이름으로 불렸고, 당구공의 재료로 쓰이던 비싸고 귀한 상아를 대신할 수 있다고 소개되었다. 하지만 생산비가 너무 많이 들어 실용화하지는 못했다.

플라스틱 제품은 1870년 하이어트가 특허 출원한 셀룰로이드를 시작으로 상업적으로 실용화하였다. 셀룰로이드는 피부에 잘 적응하고 탄력이 좋으며 색깔이 다양하고 가공이 쉬워 오랫동안 안경테로 쓰여 왔다. 이후 인공적인 화합물이 속속 만들어지면서 1920년에는 독일의 유기화학자 슈타우딩거가 폴리머, 즉 고분자 물질이라는 개념을 만들었다. 이에 따라 고분자 화학이라는 새로운 학문 분야가 생겨났다. 이와 더불어 산업계에서도 새로운 바람이 일었는데, 대표적으로 천연 고무의 부족을 해결하기 위해 합성 고무가 나왔으며, 염화 비닐, 폴리에스테르 등 현재 우리가 주위에서 볼 수 있는 대부분의 합성 고분자 화합물들이 이 시기에 만들어졌다.

대량 생산의 시대 1914~1939

제2차 산업 혁명으로 사람들은 어떤 변화를 겪었을까? 온갖 물건이 대량으로 생산되자 다양한 상품을 쉽게 구입할 수 있게 되었다. 또 이전에는 생각할 수 없었던 여러 가지 오락거리도 생겨났다.

하지만 사람들은 기술이 가져다준 변화에 당혹감을 느끼며 두려워하기도 했다.

'기술이 사회를 기계처럼 만들고 인간성을 빼앗지 않을까?'

'기계 때문에 일자리를 잃게 되지는 않을까?'

'과학이 총과 같은 무기를 대량 생산하여 인류를 파멸시키는 데 이용되지는 않을까?'

그런 한편으로는 과학과 기술이 사회 문제를 극복하는 수단이 될 수 있을 것이라는 믿음도 생겨났다.

도전하는 현대 1930~1968

이 시기에 사람들은 제2차 세계 대전을 겪었다. 수많은 사람들이 죽었고, 그동안 이룬 문명이 하루아침에 파괴되었다. 사람들은 과학 기술의 무서움을 몸으로 겪었고, 국가는 과학 기술의 수준이 곧 국력이라는

기술의 발달이 오히려 인류의 삶을 피폐하게 만드는 것은 아닐까?

사실을 깨달았다. 이에 국가가 주도적으로 과학 기술과 연계한 거대한 프로젝트를 진행했다.

영국과 미국의 항공기 개발 프로젝트, 우주 개발의 문을 연 독일의 V2 로켓 프로젝트, 원자폭탄을 만들어 일본 히로시마와 나가사키에 떨어뜨린 미국의 맨해튼 프로젝트……. 이러한 국가 주도의 프로젝트는 보통 사람들의 의지와 관계없이 과학 기술을 발달시켰고, 또 무한한 힘을 보여 주었다. 막대한 자금과 조직, 그리고 과학자들이 모이자 해결하지 못할 문제가 없는 것처럼 보였다.

국가 주도의 과학 발전은 미국과 소련으로 대표되는 동서 냉전 시대를 거치면서 더욱 확대되었다. 1957년 소련의 스푸트니크호 발사로 촉발된 미국과의 우주 개발 경쟁이 가속화하였고, 나중에는 핵무기 개발 경쟁으로 이어졌다. 인류에 이바지하는 과학이라기보다는 체제의 우월성을 과시하기 위한 수단으로서의 과학이 활개를 친 시대라 하겠다.

미국의 우주선 아폴로 10호의 지구 귀환선

양면성의 시대 1950~2000

　20세기 후반 산업화 세계에서는 가난과 기근, 질병이 더 이상 해결할 수 없는 문제가 아니다. 과학 기술로 거의 해결할 수 있게 되었기 때문이다. 하지만 기술 변화의 폭이 빨라지면서 산업화가 진행되자 다른 부작용이 나타나기 시작했다. 빈부 격차와 환경 파괴 같은 뜻밖의 결과가 나타난 것이다. 이에 따라 과학의 발전에 대한 사람들의 신뢰도 조금씩 무너져 갔다. 나중에는 과학자들이 환경 보존의 중요성과 빈부 격차 문제의 해소, 그 밖의 사회 문제 해결을 위해 적극적으로 나서기도 했다.

　20세기 전반까지는 물리학과 화학이 폭발적으로 발달하였으나, 20세기 후반이 되자 생명 과학이 성장하기 시작했다. 이곳에는 이 시대 생명 과학의 발전상을 상징하는 아이콘으로 염소 트레이시의 박제가 전시되어 있었다. 과학자들은 배양된 인간 DNA를 트레이시의 탯줄에 주사하여 염소의 DNA와 사람의 DNA를 결합한 뒤, 양성 종양의 일종인 낭종에 유용한 단백질을 만들었다.

　우리는 20세기를 끝으로 오른쪽 벽면의 일상생활과 관련된 발명품들이 전시된 곳으로 옮겨 갔다. 이곳에는 앞서 나온 시대 구분에 따라 그 시대에 쓰인 대표적인 물건들이 차곡차곡 전시되어 있었다. 라디오, 축음기, 악기, 램프, 칼, 접시, 자전거, 재봉틀, 타자기 등 옛 물건들이 수없이 많았다.

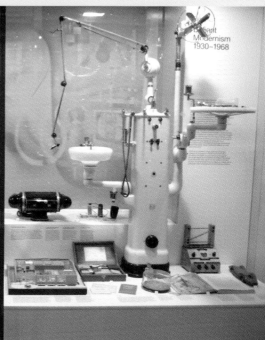

¹1930~68년의 발명품과 생활 도구들 ²1950년에 판매된 탈리도마이드라는 수면제 때문에 5000명 이상의 유아가 팔다리 이상의 기형으로 태어났다. ³사람의 DNA를 결합해 종양 치료에 유용한 단백질을 만든 염소 트레이시

우리와는 달리 영국 사람들은 이런 전시물들에 관심을 보이며 유독 즐거워하였다. 마치 우리가 우리의 옛 모습을 재현한 〈엄마 어릴 적에는〉과 같은 닥종이 인형전을 보면서 옛날을 추억하듯, 영국 사람들은 자신들이 어릴 적에 썼던 물건이 과학의 발달과 밀접하게 연관되어 있는 것을 보면서 신기해 하고 재미있어 하는 듯했다. 추억에 빠져드는 정서는 우리나 영국 사람이나 다를 바 없는 것 같다.

생활과 관련된 전시물을 끝으로 영국의 과학 발달사와 관련된 전시물은 다 보았다. 사실 과학사 관련 전시물은 관심을 갖고 보지 않으면 지루할 수도 있다. 다행히 런던 과학 박물관 탐방은 이것으로 끝이 아니다. 아니, 본격적인 시작이다. 도전과 모험거리들로 가득한 과학관 안으로 더 들어가 보자. (김샘)

런던 과학 박물관 찾아가기

홈페이지 ▶ www.sciencemuseum.org.uk
주　　소 ▶ Exhibition Rd., SW7 2DD London
교 통 편 ▶ 런던 South Kensington 역에서 도보 5분
개관 시간 ▶ 10:00∼18:00 1월 1일, 12월 24∼25일 휴관
입 장 료 ▶ 무료(기부)

잎은 검고 물은 붉다
홍차

우리가 영국에서 묵었던 곳은 런던 윔블던 근처의 민박집이었다. 민박집으로 가기 위해 윔블던 역에 내리면 입구에 홍차 전문점이 있었다. 런던의 가게들이 대부분 그렇듯이 그 가게도 아침 11시쯤 문을 열고 저녁 6시 정도에 문을 닫았다. 그런데 우리는 민박집에서 아침 일찍 나가고 저녁 7시 넘어 돌아오는 바람에 한 번도 그곳에 들어가 보지 못했다. 문 닫힌 가게의 진열장 안에 있는 각국의 홍차들을 눈으로만 마실 수밖에.

영국인은 홍차를 사랑한다. 아침에 브렉퍼스트 티 Breakfast tea로 시작해, 정오에는 티 브레이크 Tea break, 오후 2~3시경에는 애프터눈 티 Afternoon tea, 늦은 오후에는 하이 티 High tea까지, 하루에 네다섯 잔씩 마실 정도이다. 홍차가 시작된 곳은 중국인데 지금은 영국에서 더 사랑받고 있는 셈이다.

홍차는 차나무의 어린 잎을 발효해 만든다. 홍차와 녹차는 둘 다 차나무의 잎이지만, 찻잎을 따서 놓아두면 잎 속의 효소가 산화 작용을 일으켜 검게 되어 홍차가 되고, 수확 후 바로 쪄서 효소를 없애면 오래 두어도 선명한 녹색을 유지해 녹차가 된다.

¹ 홍차. 찻물은 붉지만 잎이 검기 때문에 서양에서는 블랙 티라고 부른다.

² 런던에서 구입한 여러 종류의 홍차. 홍차 통에는 산지와 등급이 표시되어 있다. 예를 들어 '다즐링(Darjeeling) 플로리 오렌지 피코(Flowery Orange Pekoe)'라고 써 있으면 산지는 다즐링이고 등급은 플로리 오렌지 피코로 잎의 눈 부분에서 따온 것을 말한다.

³ 런던 윔블던 역. 가운데 보이는 위터드 오브 첼시(Whittard of Chelsea)가 홍차 전문점이다. 위터드 오브 첼시는 영국의 대표적인 홍차 브랜드 중 하나이다.

홍차는 찻잎에 들어 있는 폴리페놀이 산화하면서 황색의 데아플라빈과 적색의 데아루비긴으로 변해 홍차 특유의 색을 띤다. 이 색소들이 물에 녹아 붉은 찻물이 되는 것. 재미있는 사실은 서양에서는 홍차 잎이 검다고 블랙 티 black tea라 부르고, 동양에서는 붉은 찻물을 보고 홍차라고 부른다는 점이다. 처음을 보느냐 끝을 보느냐, 동서양의 시각 차이를 읽을 수 있어 흥미롭다.

찻잎이 함유한 폴리페놀은 다른 물질의 산화를 막아 주는 항산화 물질로, 노화 방지 효과가 있다고 알려져 있다. 폴리페놀은 초콜릿의 원료인 카카오와 와인에도 많이 들어 있다.

차가 영국에 소개된 것은 1610년경이다. 주로 중국에서 수입되었으며, 1657년 찰스 2세와 결혼한 포르투갈의 캐서린 공주가 차를 가져와 즐겨 마시면서 영국 상류층에 뿌리를 내렸다. 당시 유럽은 차만 수입한 것이 아니라 차를 담아 마시는 중국의 도자기도 많이 들여와 동양 문화가 유행했다.

이처럼 초기에는 차가 일종의 사치품이었으나 영국의 탐험가이자 식물학자인 조지프 뱅크스1743~1820의 노력으로 식민지였던 인도에 차를 재배하면서 홍차가 널리 보급되었다. 18세기 초까지만 해도 녹차가 더 많이 수입되다가 18세기 중엽부터 홍차가 많이 수입되었다. 일조량이 풍부한 아열대 지방에서 자란 차는 홍차로 만들었을 때 맛이 좋다는 것이 알려지면서 아열대 지방인 인도에서 재배된 차는 홍차로 가공되었기 때문이다. (그래서 우리나라에서 자라는 찻잎은 홍차로 만들기에는 적당하지 않지만 녹차의 경우 훌륭한 맛을 자랑한다.) 세계적으로 유명한 홍차의 산지로는 인도의 다즐링과 아삼, 스리랑카의 실론, 아프리카 케냐, 중국의 기문 등이 있다.

향기롭고 오묘한 맛이 특징인 홍차는 몸에도 좋다. 무엇보다 차는 저칼로리 음료이므로 비만을 방지하고 체중을 조절하는 데 도움을 준다. 찻잎 속의 탄닌류 성분은 위장의 긴장도를 높여 위 운동을 활발하게 하고, 소장 운동을 도와 변비에 효과가 있다. 또한 카페인은 대뇌 활동을 자극하여 체내의 여러 기능을 돕는다. 풍부한 수분과 식이섬유로 피부 노화 방지에도 효과를 발휘한다.

향기롭고도 몸에 좋은 홍차. 추운 계절에는 따뜻하게, 더울 때는 차가운 아이스 티로 그 맛과 효과를 누려 보는 것은 어떨까.

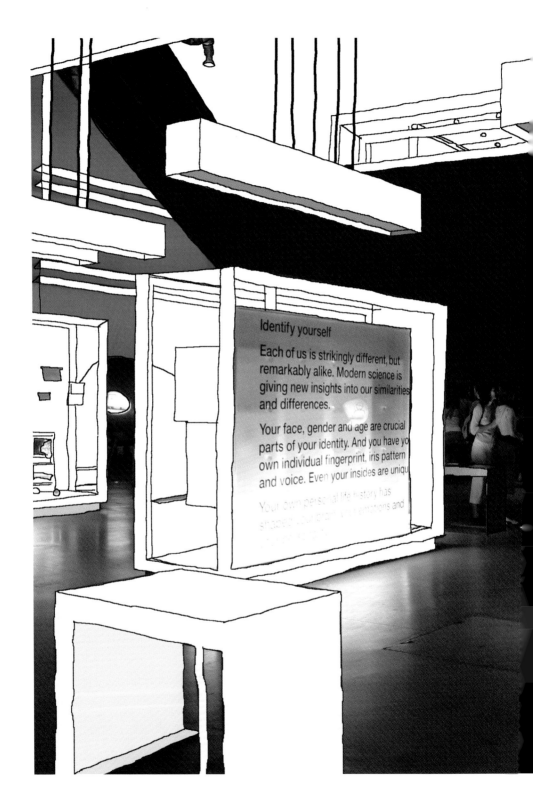

Identify yourself

Each of us is strikingly different, but remarkably alike. Modern science is giving new insights into our similarities and differences.

Your face, gender and age are crucial parts of your identity. And you have your own individual fingerprint, iris pattern and voice. Even your insides are unique.

Your own personal life history has shaped your brain, your emotions and

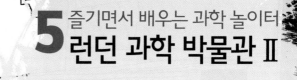

5 즐기면서 배우는 과학 놀이터
런던 과학 박물관 Ⅱ

:: 관련 단원
중학교 과학 3 일과 에너지 중학교 과학 2 전기
고등학교 물리 1 힘과 에너지

여긴 이것저것
만져 볼 수 있는
과학놀이터야!

유리는?

석원이의 일기 : 과학관에서 신나게 놀다

1. 우리 집에 무슨 비밀이?

오늘은 하루 종일 과학 박물관을 관람한다고 한다. 첫날에도 보았으니 두 번째이다. 그래도 좋다. 재미있는 게 많으니까. 맨 아래층부터 모든 걸 제대로 보겠다는 각오로 우리 일행은 지하 1층으로 갔다. 먼저 '우리 집의 비밀The Secret Life of the Home'이라는 방에 들어갔다. 이곳에서는 집에서 흔히 쓰는 물건들의 역사와 작동 원리를 볼 수 있었다. 아주 옛날에 쓰던 것에서부터 요즘에 쓰는 것까지 여러 가지가 전시되어 있었다. 옛날 변기는 세숫대야같이 생긴 것도 있고 절구통같이 생긴 것도 있어서 웃음이 나왔다.

둘러보니 다리미도 있고 청소기, 재봉틀, 텔레비전도 있다. 옛날 텔레비전은 저렇게 작았구나. 우리 집은 얼마 전에 아빠가 큰맘 먹고 42인치 LCD TV로 바꿨는데……. 옛 물건을 보고 있으려니, 그 물건이 만들어지기까지 사람들이 펼쳤을 엉뚱한 상상력과 노력이 참 가상하게 느껴졌다.

2. 인기 만점 코스, 론치 패드

그 다음 방은 론치 패드. 이 박물관에서 가장 인기가 많은 곳이라고 한다. (로켓) 발사장 또는 거점이라는 뜻의 론치 패드Launch Pad는 일종의 과학 놀이터로, 이것저것 다 해 보면서 놀면 된다. 나는 엄마를 따라다

1, 2 변기의 변천사. 각양각색의 모양이 재미있다. 3 옛날 텔레비전 4 각종 난방 기구 5 진공청소기의 발달사

1론치 패드 입구 2기차 바퀴 굴리기 3안쪽이 긴 바퀴만 선로를 이탈하지 않고 잘 굴러간다. 4아치 다리를 만들고 그 위를 걷는 민규. 사실 아래 받침대를 빼야 아치가 무너지지 않는다는 걸 증명할 수 있는데……. 5느린 물방울, 빠른 물방울. 방울이 클수록 밀도가 낮아져 빨리 올라간다.

니며 재미있는 과학 실험을 많이 해 봤기 때문에 아주 낯설지는 않았다.

입구에 들어서자마자 보이는 것은 물방울이 올라가는 색색의 유리관들. 옆에 있는 손잡이를 이용해서 물방울을 만들면 관을 따라 올라가는데, 방울의 크기가 관마다 다르다. 잘 관찰해 보니 방울이 클수록 빨리 올라간다. 작은 방울보다 밀도가 낮아서 그렇다나?

다음은 기차 바퀴 굴리기. 세 가지 종류의 기차 바퀴가 있었는데 양쪽이 평행한 바퀴, 사다리꼴인데 안쪽이 긴 바퀴, 사다리꼴인데 안쪽이 짧은 바퀴였다. 세 가지 바퀴를 선로에 굴려 보니 안쪽이 긴 바퀴만 굽은 선로를 이탈하지 않고 끝까지 갔다. 다른 두 바퀴는 도중에 선로를 이탈했다. 기차 바퀴의 모양이 중요하다는 걸 처음으로 알았다. 왜 그런지 궁금해서 엄마께 여쭤 보니, "아, 그거? 신과람에서 실험한 적이 있었는데……" 하더니 대충 얼버무린다. 나중에 이샘한테 다시 여쭤 봐야지.

내가 바퀴를 갖고 노는 동안 민규는 아치 다리를 만들었다. 다섯 개의 조각을 맞춰서 다리를 만들고 그 위를 걸어 보는 놀이이다. 접착제를 쓴 것도 아닌데 무너지지 않는 것이 신기했다. 전에 경주로 수학여행을 갔을 때 본 석굴암의 앞부분도 아치로 되어 있었다는 생각이 났고, 직접 보진 않았지만 백제의 무령왕릉에도 아치가 쓰였다는 것을 들은 기억이 났다. 삼국 시대부터 아치를 이용했다니, 우리 조상들의 지혜가 대단하다.

어른들은 몇 가지를 함께하며 설명해 주고 사진을 찍더니 다른 전시관을 보러 가고 민규랑 나만 이곳에 남아 실컷 놀았다. 비행기가 뜨는

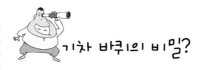

기차 바퀴의 비밀?

런던 과학 박물관에 있는 기차 바퀴는 [그림 1]과 같은 세 종류이다.

(나)와 (다) 같은 모양의 바퀴를 굴리면 어떻게 될까? [그림 2]처럼 종이컵 2개를 붙여 [그림 3]처럼 굴려 보자. 실험 결과, 안쪽이 짧은 것은 선로를 이탈하고 안쪽이 긴 것이 끝까지 무사히 간다. 왜 그럴까?

커브 길에서는 관성 때문에 바퀴가 계속 직진하려 하므로 바깥쪽으로 쏠리게 된다. 이 때 안쪽이 짧은 바퀴는 똑같이 선로를 돌아도 바깥쪽의 바퀴보다 안쪽의 바퀴가 더 많이 움직이게 되므로 바깥쪽으로 완전히 휘어 선로를 벗어난다.

그러나 안쪽이 긴 바퀴의 경우, 커브를 돌 때 바깥쪽의 바퀴가 안쪽의 바퀴보다 더 많이 움직이므로 안쪽으로 휘어 다시 선로로 돌아오게 된다.

실제로 기차 바퀴를 잘 관찰해 보면 안쪽이 약간 더 길게 되어 있음을 확인할 수 있다.

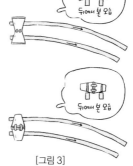

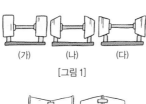

[그림 1]

[그림 2]

[그림 3]

원리도 실험할 수 있었고, 내가 전선이 되어 전지를 만들 수도 있었다. 한쪽에 퍼즐도 있어 민규랑 한참 동안 맞추며 놀았다. 카펫 위를 걸으면 앞의 센서에 불이 들어오는 것도 있었는데, 살금살금 걸으면 불이 한두 개밖에 안 들어오고 성큼성큼 걸으면 불이 여럿 켜진다. 어린아이들은 엉금엉금 기어가기도 한다. 그래도 불은 들어온다.

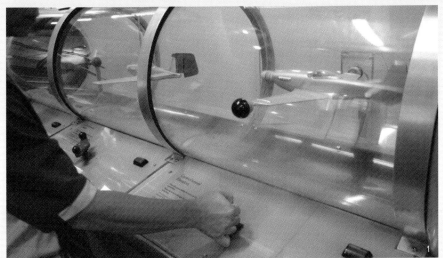

1 레버를 돌리면 바람이 나와서 비행기가 뜬다. 2 여기서 말을 하면 방의 반대편에 있는 사람이 들을 수 있다. 안테나가 소리를 모아 주는 작용을 하는 것이다. 3 인간 전지. 각기 다른 금속에 도선을 연결하고 금속을 손으로 잡으면 전지가 만들어져 전류가 흐르는 것을 확인할 수 있다. 4 살금살금 걸어 보자. 진동 센서가 감지해 불이 켜진다. 까치발을 하고 걸으면 불이 조금만 들어온다. 5 비눗방울 쇼. 비눗방울 속에 사람이 들어간다!

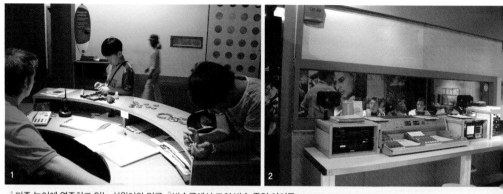

1 퍼즐 놀이에 열중하고 있는 석원이와 민규 2 방송국에서 모의 방송 중인 아이들

그러다 비눗방울 쇼를 한다는 말을 듣고 민규랑 잽싸게 가 보았다. 사람을 가운데 세워 놓고 커다란 비눗방울을 만들자 마치 얇은 투명막 안에 사람이 들어 있는 것처럼 보였다. 또 드라이아이스가 깔린 투명 상자 안에 비눗방울을 만들어, 비눗방울이 터지지 않은 채 오래 유지되는 것도 보여 주었다. 수소 가스를 채운 비눗방울에 불을 붙였더니 폭발하면서 불꽃이 확 일었다. 진짜 멋졌다.

앗, 쇼에 정신이 팔려 놀다 보니 금세 엄마랑 약속한 시각이 되었다. 민규를 불러서 어른들을 만나러 갔다.

어른들과 만나 과학관 안의 '레볼루션Revolution 카페'에서 점심을 먹었다. 간단한 샌드위치와 햄버거, 샐러드 종류를 파는데 약간 비싼 데다 메뉴도 그다지 다양하지 않았다. 그래도 아픈 다리를 쉬고 빨리 식사를 할 수 있으니 좋았다. 민규랑 나는 어른들에게 우리가 해 본 것들을 신나게 자랑했다.

"어, 저기 우리나라 애들이다!"

민규의 말에 고개를 돌려 보니 우리나라에서 온 애들끼리 카페에서 식사하는 모습이 보였다. 엄마는, 아마도 영어 연수를 온 아이들인 것 같다고 말했다. 우리 말고 다른 한국 아이들도 자기들끼리 다니고 있는 걸 보니 왠지 반가운 마음이 들었다.

런던 과학 박물관은 게임이랑 실험 활동이 많아서 좋았다. 과학을 공부하지 않고 놀면서 즐길 수 있다는 게 좋은 점 같다.

— 석원이의 일기 '끝!'

게임으로 익히는 미래의 에너지

이곳 박물관에서 론치 패드 못지않게 아이들에게 인기가 많은 곳은 바로 에너지관이다. 론치 패드가 직접 해 보는 실험과 만들기 위주로 되어 있다면, 이곳은 주로 시뮬레이션을 통한 게임 위주의 활동으로 꾸며져 있다.

한 바퀴 둘러보는데 석원이는 벌써 게임에 빠져 있었다. 도시 모형을 중심으로 게임 참가자들이 빙 둘러서 있었다. 무얼 하나 들여다보았더니, 한 병원에서 정전이 된 상황. 이때 참가자들이 심장 박동기를 단 환자들을 살리려고 왔다 갔다 하면서 전기를 수동으로 공급하는 게임이

1 도시에서 에너지 공급이 중단된다면 어떻게 될지 체험하는 게임. 배 나온 아저씨도, 아줌마도 열심히 참여한다. 2 만지지 마세요! 전기 충격 먹어요. 이러니 더 만지고 싶은걸? 3 에너지 DDR 4, 5 에너지 퀴즈. 옆의 판을 돌려 답을 찾는다. 맞히면 해당하는 것이 화면에 나타난다.

었다. 정해진 시간 안에 전기를 공급하지 못하면 환자가 죽고, 전기를 성공적으로 공급하면 하트 모양이 빨갛게 채워진다.

"저건 뭐죠? 만지지 말라는데……."

호기심 많은 민규가 말릴 틈도 없이 금속 막대에 손을 갖다 댔다.

"앗!"

급히 손을 떼는 것을 보니 전기가 통했나 보다. 경고를 무시하고 가운데 봉을 만지면 전기 쇼크를 느낄 수 있다. 그러나 걱정 마시라. 약간 짜릿하고 따가운 정도에 불과하니까. 우리도 한 번씩 손을 대 보았다.

"야~, DDR이다!"

석원이가 이번엔 DDR 게임기 앞에 서 있다. 우리나라에서 한창 유행

하던 DDR 게임과 같은 방법으로 하면 된다. 여기서는 화면 아래쪽에 태양 에너지, 열에너지, 원자력 에너지가 있는데, 위에서 에너지원이 내려오면 맞는 것이 통과할 때 발로 밟아야 한다. 민규랑 석원이가 시합을 하는데 역시 게임에 강한 석원이가 하나도 안 놓치고 다 맞혔다.

"우리는 저거나 해 볼까요? 꼭 파친코 기계처럼 생겼네."

김샘과 나는 그 옆에 있는 게임으로 눈을 돌렸다. '일상생활에서의 에너지'라는 코너로, 에너지에 대한 퀴즈를 맞히는 것이다. 예를 들어 첫 번째 문제는 책을 읽는데 어떤 에너지가 가장 적은 양으로 빛을 낼 수 있느냐는 것이었다. 옆의 바퀴를 돌려 태양을 골랐다. 잘했다는 뜻의 스마일 표시와 함께 설명이 나온다. 이렇게 다섯 개의 관문을 통과하니 내가 에너지 챔피언이 되었단다. 호호호~

너무 쉬운 것만 해서 지루하던 차에 이샘이 열중하고 있는 시뮬레이션이 눈에 들어왔다.

"내가 에너지 장관이 되어서 발전소를 짓는 거예요. 그런데 쉽지 않

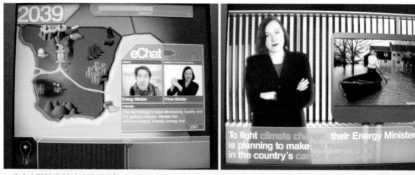

에너지 장관에 임명되면 선택할 수 있는 여러 발전소의 모습과 함께 주민이 필요로 하는 에너지양이 지도에 표시된다.

아요. 기껏 주민들을 위해 수력 발전소를 지었는데 댐 아래 사는 주민들이 마을이 물에 잠겼다고 폭동을 일으켰지 뭐예요?"

고민 끝에 그럭저럭 임무를 완수한 이샘 앞의 화면에 총리로 보이는 사람이 나타나 이런 저런 조언을 해준다. 다시 한 번 하면 잘하겠다는 격려와 함께.

에너지에 대한 설명이나 패널은 하나도 없는 게임 나라에서 우리는 신나게 놀면서 에너지를 체험할 수 있었다. 못내 아쉬워하는 아이들을 데리고 다음 코스로 전진!

타임머신을 타고 미래로

본관과 약간 떨어진 독립 공간인 웰컴 윙 3층에는 미래 공간 '인 퓨처 In Future'가 있다. 마치 먼 미래의 어느 공간 혹은 다른 행성에 온 것 같은 신비로운 분위기가 물씬 풍겼다.

"꼭 우주로 날아가기 직전에 회의를 하는 우주인들 같아요."

민규의 표현이 재미있다. 전체적으로 어두운 푸른 공간에 형광 빛이 나는 커다란 원탁을 중심으로 사람들이 뭔가 회의를 하고 있었다. 20년 후에 당면할 수도 있는 여러 주제에 대한 해답을 게임을 통해 구해 보고 투표를 하여 결정을 내리는 원탁 회의였다.

무슨 회의를 하는지 궁금해서 살펴보니 마침 '남자도 임신을 할 수 있는가?'라는 주제가 진행 중이었다. 회의는 각자 자신의 앞에 나타나는 터치 스크린 영상을 통해 이루어졌다. 먼저 주제가 제시되고 임신한 아빠가 등장했다. 각자 앞에 있는 터치 스크린을 누르면 임신한 아빠에게 일어날 수 있는 여러 상황 중 하나가 선택되는데, 좋은 날도 있지만 어떤 날은 여러 부작용이 나타나기도 하고 아이가 유산되기도 했다. 잘 관찰해 보니 임신한 아빠에게 안 좋은 상황이 걸릴 확률이 훨씬 높았다. 임신한 아빠의 입장에서 여러 날을 경험하고 나서 투표가 시작되었다.

이 게임은 남자가 임신할 경우 의학적으로 위험할 거라는 사실을 자연스럽게 익히라는 의도로 만든 것 같은데, 아이들은 그런 사실을 아는지 모르는지 마냥 즐거워하기만 한다. 금방금방 지나가는 화면을 어떻

게 이해하는지 궁금해서 물어보니 석원이 나름의 비법이 있었다.

"너무 빨라서 어렵긴 한데요, 이샘이 영어를 빨리 이해하려면 큰 단어들만 연결해서 읽으라고 그랬어요."

요령도 요령이지만 초등학생인 민규도 열심히 게임에 몰두하는 걸 보면, 아이들이 게임을 이해하는 방식은 언어가 전부가 아니라는 생각이 들었다.

한 가지 주제에 대한 회의가 끝나면 다른 주제로 넘어간다. 기후를 조절해 무기로 사용해도 되는지, 150살까지 살고 싶은지, 우주에서 휴가를 보내고 싶은지 등등의 주제가 있었다.

터치 스크린으로 의사 결정을 하는 시뮬레이션은 다른 과학관에서도 많이 보았지만, 여럿이 함께 이런 식으로 게임과 회의를 하는 방식은 이곳만의 특징인 것 같다. 미래의 과학관에 타임머신을 타고 온 느낌이라고나 할까? 역사와 전통을 자랑하는 런던 과학 박물관이 과거와 현재를 넘어 미래로 도약하는 모습을 보여 주고 있었다.

즐기면 저절로 알게 되리니

오후의 나머지 시간은 자유롭게 흩어져 관람한 후 문 닫을 시간이 되어 아이들을 만났다.

"그래, 오늘 하루 어땠어?"

1, 2 터치 스크린을 움직여 남자가 임신을 하고 임신 기간 중에 겪을 수 있는 상황을 체험한다. 그 다음 투표에 들어갔는데 '남자가 임신을 하는 것이 좋은가?'에 대한 투표 결과 '그렇다'와 '아니다'가 4대 4로 나왔다. 앞에는 오늘의 총 투표 결과가 보인다. 3 카지노에서처럼 딜러가 판을 돌려 개인의 평생 운을 결정한다. 4 우주 여행을 떠나 볼까? 5 가상 롤러코스터. 이 박물관에서 유일한 유료 코너이다.

"너무 재미있었어요. 이것저것 게임도 하고 구경도 하다 보니 시간이 금방 가던데요?"

"가상 롤러코스터도 탔어요. 3파운드 내고요. 스크린에 롤러코스터가 나오거든요? 막 올라갔다가 갑자기 내려가고 하는데 진짜 실감났어요. 몸이 정말 붕 뜨는 느낌이 들었어요."

"맞아. 마지막에 전깃줄을 통과할 때는 전기가 몸에 통하는 것처럼 찌릿찌릿했어."

신이 나서 떠드는 아이들의 모습이 하루의 중노동을 마친 듯 피곤해하는 어른들과는 대조적이었다. 거기다 입구의 기념품 가게에서 마음에 드는 과학 완구까지 사 주니 싱글벙글. 기념품 가게에는 사람들이 바글바글했는데, 한쪽에서 점원이 부메랑을 계속 던지면서 시연하는 모습이 인상적이었다. 뒤늦게 합류한 빈샘은 론치 패드에서 직원이 나누어 주는 사과도 얻어먹었다며 좋아라 했다.

우리가 방문한 많은 과학관들이 체험 위주의 활동을 지향하고 있었는데, 런던 과학 박물관은 아이들 눈높이에 맞춘 재미있고 다양한 시뮬레이션 덕분에 단연 돋보였다. 아이들의 키에 맞추어 조작을 하게 되어 있었고, 아이를 동행한 어른을 위한 설명이 붙어 있는 곳도 있었다.

이런 곳이라면 몇 번을 와도 즐길 수 있을 것 같다. 공자님도 말씀하시지 않았던가. 알기만 하는 사람은 좋아하는 사람보다 못하고, 좋아하는 사람은 즐기는 사람보다 못하다고. 학생

거울 뒤 팬텀의 비밀
뮤지컬 속 과학 이야기

뮤지컬의 본고장 런던. 여기까지 와서 뮤지컬 관람을 놓칠 수야 없지! 런던에서 빡빡한 일과를 마친 어느 날 밤, 우리는 그 이름도 유명한 뮤지컬 〈오페라의 유령〉을 관람하러 허 머제스티스 극장을 향했다.

객석은 빈자리 하나 없이 꽉 찼는데 영국 사람들보다는 다른 나라에서 온 관광객이 더 많은 듯했다. 특히 아시아 사람들이 눈에 많이 띄었다.

드디어 막이 오르고 화려한 무대가 펼쳐졌다. 뮤지컬 〈오페라의 유령〉은 프랑스의 추리 작가 가스통 르루가 1910년에 쓴 소설을 바탕으로 영국의 작곡가 앤드루 로이드 웨버가 곡을 붙여 만든 작품이다. 1986년 런던에서 초연된 후 오늘날까지 전 세계적으로 사랑받고 있다.

주요 무대는 화려한 오페라 극장. 그곳에는 팬텀유령이 산다. 천부적인 음악적 재능과 천상의 목소리를 지녔으나 흉측한 외모 때문에 극장 지하에 숨어 살아가던 팬텀. 그는 오페라 극장의 가수 크리스틴을 사랑한다. '음

¹ 뮤지컬 〈오페라의 유령〉이 상연 중인 허 머제스티스(Her Majesty's) 극장. 이곳에 처음 극장이 세워진 것은 1905년으로, 헨델이 그의 오페라 〈리날도(Rinaldo)〉를 영국에서 처음 공연한 장소라고 한다. 그 후 여러 차례 개축을 거쳐 1997년 지금의 모습으로 개관하였다. ² 런던 과학 박물관의 두 방향 거울 코너. 거울을 사이에 두고 양쪽에 한 사람씩 마주 앉아 앞에 있는 스위치로 빛의 양을 조절하면 상대적인 빛의 양에 따라 자신의 얼굴이 비치기도 하고 상대방의 얼굴이 나타나기도 한다. ³ 〈오페라의 유령〉을 온몸으로 홍보하는 이층 버스

악의 천사가 되어 몰래 그녀를 돕던 팬텀은 크리스틴을 오페라의 프리마 돈 나로 만들고, 첫 공연이 성공적으로 끝난 후 분장실에 홀로 앉아 있던 크리 스틴 앞에 극적으로 모습을 드러낸다. 크리스틴의 얼굴을 비추던 거울에 갑 자기 크리스틴 대신 팬텀의 모습이 비치더니, 거울이 열리며 진짜 팬텀이 나 타난 것이다. 그는 깜짝 놀라 어리둥절해 하는 크리스틴을 데리고 자신의 거 처로 가는데…….

팬텀은 어떻게 거울에서 불쑥 나타난 걸까?

비밀의 열쇠는 바로 빛의 반사와 투과에 있다. 유리는 대부분 빛을 통과시 키지만 일부분 반사시키기도 한다. 유리를 사이에 두고 크리스틴과 팬텀이 반대쪽에 있다. 처음에 크리스틴이 앉아 있는 방은 환하고 팬텀이 있는 쪽은 어둡다. 이때는 팬텀 쪽에서 오는 빛이 없으므로 크리스틴은 유리에 자신의 모습이 반사된 것을 보게 된다. 그러나 팬텀이 자신이 있는 쪽을 더 밝게 만들면 팬텀 쪽에서 투과하는 빛의 양이 더 커서, 크리스틴은 자신의 모습을 볼 수 없고 유리 너머에 있는 팬텀을 보게 된다.

통유리로 되어 있는 건물을 밖에서 보면 낮에는 안이 보이지 않다가 밤이 되면 불 켜진 건물 안이 훤히 들여다보이는 경험을 한 적이 있을 것이다. 또 영화나 드라마에서 보면 경찰서 취조실에 용의자를 불러 놓고 옆방에서 용의자 몰래 그를 관찰하는 모습이 나오곤 하는데 이것도 모두 같은 원리이다. 용의자는 유리에 비친 자신의 얼굴밖에 볼 수가 없지만 옆방에서는 유리를 통해 용의자를 볼 수 있는 것이다. 이때 당연히 옆방은 어두워야 한다. 뭐, 요즘은 이런 걸 미리 다 아는 똑똑한 용의자가 거울에 대고 자신이 하고 싶은 말을 외치기도 하지만……

'저걸 어디서 봤더라? 맞아, 오늘 갔던 과학관의 론치 패드에 있었지.'

비슷한 부스를 여러 곳에서 보았지만 특히 런던 과학 박물관에서 아이들이 신나게 체험하는 걸 본 것이 생각났다.

어느덧 뮤지컬은 끝났는데 팬텀의 안타까운 사랑과 아름다운 음악 선율이 계속 떠올랐다. 우리는 귓가에 맴도는 멜로디를 흥얼거리며 상쾌한 바람이 부는 밤거리로 나섰다. 학생

6 공룡에서 개미까지 살아 있다

런던 자연사 박물관

:: 관련 단원
중학교 과학 2 지구의 역사와 지각 변동
고등학교 생물 1 생명 과학과 인간의 생활
고등학교 지구과학 1 하나뿐인 지구

가장 가고 싶은 곳

"민규야, 넌 영국에 가면 제일 먼저 어디에 가고 싶니?"

파리에서 런던으로 향하는 기차에서 옆에 앉아 있던 민규에게 말을 걸었다.

"공룡 보러 가고 싶어요!"

민규는 질문이 끝나기가 무섭게 '공룡'을 외쳤다. 그래서 우리는 윔블던에 있는 민박집에 짐을 내려놓자마자 런던 자연사 박물관으로 출발했다.

"선생님, 여기는 얼마를 내고 들어가야 해요?"

파리 자연사 박물관에서는 진화관, 고생물학관, 광물·지질학관에 들어가기 위해서 매번 비싼 입장료를 냈던 것을 기억한 석원이가 물었다.

"공짜!"

공짜라는 말에 석원이의 얼굴이 밝아졌다. 영국을 여행할 때 좋은 점 중 하나가 바로 많은 박물관을 무료로 이용할 수 있다는 것이다. 자연사 박물관, 과학 박물관, 그리니치 천문대, 내셔널 갤러리 등이 모두 그러했다. 입장료를 받지 않기 시작한 2001년 이후에 자연사 박물관의 입장객이 2배가량 늘었다고 하니, 과학 문화를 보다 많은 사람들과 공유할 수 있다는 점에서 우리도 참고할 만하다.

자연사 박물관 옆 광장에서는 여러 가지 프로그램이 이루어지고 있었다. 그중 '공

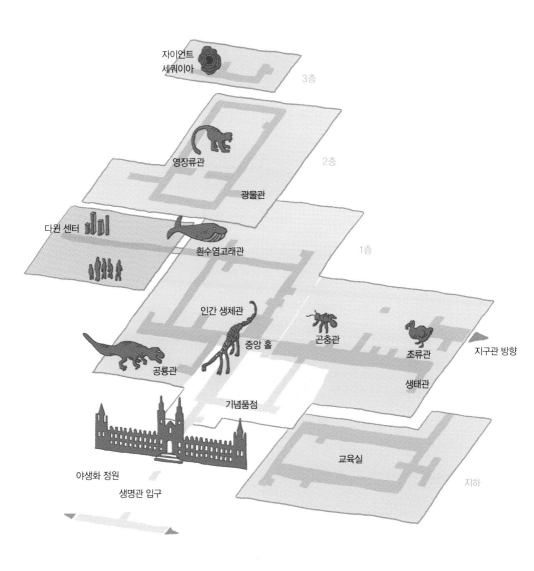

자이언트
세쿼이아

3층

영장류관

2층

광물관

다윈 센터

흰수염고래관

1층

인간 생체관

곤충관

조류관

지구관 방향

공룡관

중앙 홀

생태관

기념품점

야생화 정원

생명관 입구

교육실

지하

런던 자연사 박물관 배치도

공룡 알과 갓 부화한 새끼 공룡의 모형

런던 자연사 박물관. 빅토리아 양식의 오래된 건물 속에 지구의 역사가 그대로 담겨 있다. 겨울이면 박물관 옆 광장에 스케이트장이 만들어진다.

룡 턱Dino Jaws'이라는 프로그램에서는 아이들이 직접 공룡 발굴가가 되어 모래 속에 묻혀 있는 공룡 뼈를 발굴하는 체험을 하고 있었다. 광장옆에는 핫도그를 파는 곳이 있었는데 이름이 'Dino BBQ'였다. 그럼 '공룡다리 튀김' 정도 되려나? 어떤 학자들은 공룡이 조류라고 주장한다는데, 그러고 보니 왠지 공룡다리와 닭다리가 어울린다는 생각이 들었다.

런던 자연사 박물관이 일반인들에게 공개된 때는 1881년으로, 지금부터 125년쯤 전이다. 그런데 실제 런던 자연사 박물관의 시초는 그보다 2배정도 더 예전으로 거슬러 올라가야 한다. 외과 의사이자 수집광이었던 한슨 슬론이 자신의 수집품들을 나라에 기증한 1753년이 그 시초라고 볼 수 있다. 그러나 다른 사람들의 기증품들에 담긴 수많은 귀중한 생명의 역사들은 대영 박물관의 비좁은 곳에 방치되어 있었다. 그러던 것이 '무서울 정도로 큰 도마뱀'이란 뜻의 'Dinosaur공룡'라는 이름을 지은 리처드 오언 교수 등의 노력으로 지금의 멋진 건물로 옮겨 온 것이다.

런던 자연사 박물관은 박물관의 기능인 전시, 교육, 연구 활동 모두가 활발히 이루어지고 있는 곳으로 알려져 있다. 7000만 점 이상의 표본을 보유하고 있으며, 효율적인 전시와 교육적 활용을 위해 900여 명의 직원들이 800억 원 이상의 예산으로 운영되고 있다. 350명 이상의 과학자들의 도움을 받아 12명의 교육자들이 전시와 교육 프로그램 개발에 전념하고 있다.

자연사의 핵심, 중앙 홀

자연사 박물관 정문을 통과하면 넓은 중앙 홀로 들어서게 된다. 중앙 홀에는 10여 개의 대표적인 전시물들이 놓여 있는데, 중요한 전시물을 많이 소장하고 있기 때문에 자주 교체하여 전시하고 있다.

5000년 전에 멸종한 나무늘보와 비슷한 화석, 공룡과 같은 시대에 오징어를 먹고 살았던 돌고래 모양의 파충류, 살아 있는 화석이라 불리는 실러캔스, 코끼리새의 알, 호박 속에 갇혀 있는 곤충 화석 등……. 오늘날에는 찾을 수 없는 지구 역사의 장면들이 전시물 하나하나에 살아 숨

¹ 중앙 홀에 자리한 거대 공룡, 디플로도쿠스. 용각류 중에서 가장 긴 공룡이다. ² 오징어를 먹고 살았던, 돌고래 모양의 파충류. 공룡과 같은 시대에 살았다고 한다. ³ 호박 속에 갇힌 곤충 ⁴ 1960년대에 잡힌 실러캔스의 표본. 실러캔스는 1938년에 처음 잡혔는데, 8500만 년 전에 사라졌다고 믿었던 것이 살아 있어 사람들을 깜짝 놀라게 했다.

쉬고 있었다.

그중에서 가장 흥미로웠던 건 호박 속에 갇
힌 곤충이었다.

"저, 이거 뭔지 알아요. 〈쥐라기 공원〉에서 봤
어요. 공룡의 피를 빨아 먹은 모기가 소나무 송진에
갇힌 거잖아요. 그럼 영화에서처럼 이 모기의
피에서 공룡을 만들어 낼 수 있는 거예요?"

지름이 약 40센티미터인 암모나이트 화석.
더 큰 것은 지름이 무려 2미터나 되는 것도 있다고 한다.

민규가 유명한 책이자 영화인 〈쥐라기 공원〉에서 본 이야기를 꺼냈다.
실제로 런던 자연사 박물관에서는 최근 이와 관련된 연구 결과를 제시하
였다. 1993년, 1억 3500만 년 전에 살았던 곤충의 DNA를 분리하는 데에
는 성공하였지만, 현재의 기술로는 가까운 시일 내에 공룡의 DNA를 복
원하여 실제 공룡을 만들어 내는 일은 불가능하다는 것이었다.

1 오늘날의 나무늘보라고 할 수 있는데, 5300년 전까지 살아 있었다. 매우 단단한 갑옷을 입고 있어서 적이 없었다. 기
후 변화에 적응하지 못했거나 인간 때문에 멸종했다고 추정된다. 2 맘모스의 두개골. 1864년, 런던 자연사 박물관에
서 불과 18킬로미터밖에 떨어지지 않은 곳에서 발견되었다.

시나리오가 있는 공룡관

런던 자연사 박물관에서 가장 유명한 곳은 공룡관이다. 일반적으로 자연사 박물관이라면 으레 공룡관이 많은 사람들의 발길을 끌지만, 런던 자연사 박물관의 공룡관은 그 전시 방법을 연구한 논문이 여러 편 나왔을 정도로 특히 더 주목을 받는 곳이다.

일요일이라 그런지 공룡관은 엄청나게 많은 사람들로 북적거렸다. 그러나 사람이 많은 것이 비해서 관람하는 것은 그리 어렵지 않았다. 입구로 들어가 출구로 나오기까지 정해진 경로를 따라서 관람하게끔 되어 있었기 때문이다.

전시관에 들어서면 처음에 구름다리 위로 올라가서 양쪽 벽과 공간에 설치된 다양한 공룡 화석을 구경하게 된다. 모든 전시물마다 구름다리의 난간 앞에 공룡의 이름, 설명, 크기 등 자세한 안내 글이 적혀 있었

1 움직이는 티라노사우루스 로봇 2 초식 공룡 마소스폰딜루스의 화석

¹ 티라노사우루스의 턱뼈 일부분 ² 공룡관은 구름다리 위로 갔다가 다시 아래쪽의 전시물을 살펴볼 수 있도록 구성되어 있다. ³ 사람들에게 가장 사랑받는 공룡인 티라노사우루스와 트리케라톱스의 머리뼈

다. 구름다리에서 내려오니 특수 효과로 만들어진 음산한 안개구름 속에서 커다란 티라노사우루스 로봇이 움직이며 눈길을 사로잡았다.

티라노사우루스는 '폭군 도마뱀'이라는 뜻이다. 그 턱뼈를 보면서 티라노사우루스에게 물리는 상상을 하니 저절로 몸서리가 쳐졌다.

공룡관에서는 티라노사우루스에 대한 정보를 재미있는 삽화와 함께 알려 주고 있었다. 그중에 티라노사우루스는 무서운 육식 동물이지만 죽은 동물의 시체를 파헤치는 청소부 역할을 했을 것이라는 주장도 있었다. 언젠가 백수百獸의 왕 사자가 다른 동물이 사냥한 것을 가로채는 장면을 텔레비전 다큐멘터리에서 본 적이 있다. 어떤 면에선 사자와 티라노사우루스가 비슷한 특성을 지니고 있다는 생각이 들었다.

아래층에서 되돌아오는 길에서는 지그재그로 만들어진 동선을 따라 걸으면서 다양한 주제별 전시물을 통해 공룡에 대한 정보를 얻을 수 있었다.

1 공룡이 걷는 원리를 보여 주고 있다. 2 거대 사슴(Giant deer)의 뿔. 길이가 무려 3.2미터나 되는데 1만 1000년 전, 즉 빙하기가 끝날 무렵 멸종하였다.

각 전시는 시나리오에 맞추어 구성되어 있었다. 처음 '발단' 단계에서는 '공룡은 어떤 생물이었을까?', '공룡이 살던 시대는?', '공룡은 오늘날의 동물들과 비슷했을까?' 등 여러 가지 질문을 던져서 흥미와 호기심을 높였다. 이 질문의 답은 '전개' 단계에서 찾을 수 있었다. 그곳에서는 공룡이 알을 낳고 새끼를 키우는 과정, 신체 부위를 통하여 공격하고 방어하는 생활상, 근육과 골격의 구조, 먹이 등에 대해 다양한 증거와 설명을 제시하였다. 마지막 '결말' 단계에서는 공룡에 대한 여러 과학자들의 노력과 방법들을 소개하고, 공룡을 소재로 한 만화와 인형 등을 전시하고 있었다.

런던 자연사 박물관과 파리 자연사 박물관의 큰 차이점 중 하나는 전시물에 대한 설명을 제시하는 방법이라고 할 수 있다. 파리 자연사 박물관에서는 공룡 화석을 대부분 통째로 보여 주었다면, 런던 자연사 박물관에서는 하나의 주제를 정한 다음 이해하기 쉽게 필요한 화석들을 선

1 여러 공룡들의 이빨. 뾰족한 송곳니가 공룡의 식성을 짐작케 한다. 2 공룡의 피부는 어떤 느낌일까? 가상의 공룡 피부와 현존하는 동물의 피부를 직접 만지면서 비교해 볼 수 있다.

별해서 전시해 놓았다. 예를 들어 '공룡은 어떻게 공격을 했을까?'라는 주제가 있다면 공룡들의 이빨과 머리뼈, 꼬리, 뿔, 발톱 등을 보여 주고 공룡의 피부와 악어의 피부를 실제로 만져 보며 비교하게 해 놓았다. 그리고 실제 뼈와 모형을 조작해 다리뼈가 어떻게 움직이는지 실험해 볼 수 있게 하였다.

이런 전시가 가능한 것은 7000만 점 이상의 풍부한 표본을 갖춘 덕분이기도 하겠지만, 많은 자료들을 학습에 효과적으로 이용할 수 있도록 만들었다는 점에서 더욱 높이 살 만하다. 패널에서 간단한 설명을 제시하고 상세한 설명은 터치 스크린을 이용하여 관람객들이 직접 찾아보게 구성되어 있었는데, 이 정보를 토대로 퀴즈를 풀어 보면서 아이들이 흥미를 유발할 수 있게 해 놓은 곳도 있었다.

공룡을 연구하는 것은 우리가 짐작하는 것보다 훨씬 어려운 일이라고 한다. 공룡관의 뒷부분에서는 과학자들이 공룡 뼈를 발굴하고 복원

1 아메리카 대륙에 살았던 글립토돈 화석 2 사람의 손바닥 자국처럼 생긴 이것은 1838년에 발견된 것으로 '손 동물'이란 뜻의 그리스 어 'Chirotherium'이라고 부른다.

하는 과정을 보여 주고 있었다.

많은 사람들은 땅속에 공룡의 뼈가 통째로 묻혀 있다고 생각한다. 그런데 실제로는 뼈들이 따로따로 흩어져 묻혀 있기 때문에, 고생물학자들은 작은 조각이 발견되면 그 부근 일대를 모두 파헤친 다음 공룡 뼈라고 추정되는 조각들을 모두 모아 퍼즐식으로 맞추어 공룡의 형태를 만들어 간다. 한마디로 매우 지난하고도 힘든 작업이다.

한편 공룡의 뼈는 이미 오래전부터 발견되었지만, 이것이 그렇게 큰

공룡 발자국의 쓰임새?

경상남도 고성에는 고성 공룡 박물관이 있다. 2006년도에는 고성에서 세계 공룡 엑스포가 개최되기도 했다. 실제로 공룡 뼈가 발굴된 적도 없는 고성이 공룡과 관련을 맺게 된 것은 바로 공룡의 발자국 화석이 있기 때문이다. 고성에는 9센티미터 정도 되는, 세계에서 가장 작은 용각류 발자국에서부터 1미터에 이르는 큰 것까지, 5100여 개의 공룡 발자국 화석이 있어, 미국 콜로라도와 아르헨티나 서부 해안과 함께 세계 3대 공룡 발자국 화석지로 꼽는다.

공룡 발자국 화석은 어떤 가치가 있을까? 공룡이 죽은 후 시체의 일부가 화석으로 남아 공룡의 모습을 알 수 있게 하는 것이 공룡 뼈라면, 발자국 화석은 공룡이 살아 있을 당시 움직이는 모습을 보여 주는 자료이다. 발자국 사이의 간격 즉 보폭을 통해 걷는 속도와 뛰는 속도를 추리해 볼 수 있으며, 같은 종인데 크기가 다른 발자국을 통해 어미가 새끼를 데리고 다니는 모습을 유추할 수도 있다.

한 가지 짚고 넘어가야 할 사실은 공룡이 무거워서 바위 위에 발자국이 생긴 것은 아니라는 점이다. 만약 그것이 사실이라면 공룡이 땅 위를 걸을 때는 발이 너무 깊게 빠져서 서 있지도 못했을 테니까. 말하자면 공룡이 있을 당시에는 부드러운 진흙으로 된 땅이라 발자국이 찍혔는데, 시간이 지나면서 흙이 바위처럼 딱딱하게 굳은 것이다.

공룡의 일부분이라는 사실을 알게 된 것은 200년도 채 되지 않는다고 한다.

"민규야, 한국에 돌아가면 아빠랑 공룡 테마 파크에 놀러 갈까? 우리나라에도 공룡 화석이 있고 공룡 박물관도 있단다."

김샘의 말에, 공룡관 관람이 끝나 가는 것을 아쉬워하던 민규의 얼굴이 다시 환해졌다.

공룡은 어디로 갔을까?

〈티라노의 일기〉

요즘 동네가 시끄럽다. 얼마 전 하늘에 큰 불덩어리가 나타났는데 갑자기 땅이 흔들리고 옆 동네의 산에서는 불기둥이 치솟았다. 하늘은 컴컴해지고 해를 못 본 지도 벌써 며칠이 지났다.

어른들이 하는 말을 들어 보니, 산 아래 마을은 바닷물이 밀려와 쑥대밭이 되었다고 한다. 이사를 가야 한다는 말도 들렸다.

오늘 저녁에는 작은 공룡 뒷다리 하나밖에 먹지 못했다. 며칠 동안 아빠가 사냥을 하지 못했다고 한다. 나무와 풀이 죽어 가고 있어서인지 풀을 먹는 공룡들이 거의 보이지 않는다. 갈수록 날도 추워진다. 어른들도 처음 겪는 일이라면서 밤마다 마을 회의를 열고 있다.

지구를 지배했던 그 많던 공룡들은 언제, 어디로 다 사라졌을까? 그 이유를 밝히려고 많은 학자들이 연구를 했지만, 오늘날 이야기하는 가설만 해도 100가지가 넘는다고 한다.

20세기 중반까지만 해도 공룡은 수백만 년에 걸쳐 서서히 사라졌다는 것이 일반적인 생각이었다. 1970년대 초 이탈리아 움브리아 지역의 협곡에서 탐사를 하던 지질학자 월터 앨버레즈는 백악기와 신생대의 경계인 약 6500만 년 전에 해당하는 석회석층 사이의 붉은 점토층에 주목했다. 그는 지질학에서 KT 경계라고 불리는 이 부분의 조성을 정밀하게 분석한 결과, 이리듐이라는 원소가 보통 값의 300배가 넘는다는 것을 알아냈다. 이것은 세계 곳곳의 KT 경계에서도 확인이 되었다. 이 현

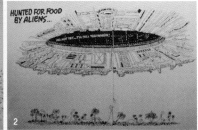

1 똥에 파묻혀 질식하기 직전에 공룡이 한 말, "오늘 134번밖에 똥을 누지 않았는데 뭐가 문제지?" 2 외계인이 낚시로 공룡을 모조리 잡아갔다는 황당한 이야기 3 백내장 때문에 공룡이 멸종했다? 팔이 짧아서 안경도 쓰지 못한다는 표현이 유머러스하다. 4 포유류 동물들이 공룡의 알을 먹어치워서 공룡이 멸종했다는 설

상을 설명할 수 있는 방법은 단 하나, 바로 우주에서 날아온 혜성이나 소행성과의 충돌이었다.

실제로 공룡이 사라진 것으로 추정되는 때와 비슷한 시기에 멕시코의 유카탄 반도에 큰 운석이 떨어졌는데, 지름이 10킬로미터가 넘었다. 이 운석을 발견한 때는 1990년으로, 지금부터 20년이 채 되지 않는다. 많은 사람들은 지구의 크기에 비해 엄청나게 작은 이 운석 조각이 과연 지구의 생명체를 멸종시킬 만큼 위험했을지 의아해 했다.

이 의문이 풀린 것은 1994년 7월이었다. 여러 조각으로 된 슈메이커-

레비 혜성이 목성과 충돌하는 장면이 관측된 것이다. 대다수의 사람들은 목성이 혜성을 그냥 흡수해 버릴 것으로 생각했지만, 실제로 산만 한 크기의 조각이 목성에 부딪힌 충격은 목성의 표면에 지구만큼 큰 흠집을 남길 만큼 컸다. 지구상에 있는 모든 핵무기를 동시에 터트린 것보다

박물관의 공룡 뼈는 모두 진짜일까?

자연사 박물관에서 우리는 수많은 공룡 화석을 볼 수 있는데, 그중 대다수는 모형이다. 런던 자연사 박물관 중앙 홀에 전시된 디플로도쿠스는 1903년 피츠버그에서 제작되어 앤드루 카네기가 기증한 석고로 만들어진 것이다. 영화 〈박물관은 살아 있다〉의 무대인 뉴욕의 자연사 박물관의 공룡들도 대다수가 모조품이고, 우리나라 서대문 자연사 박물관의 공룡들도 마찬가지이다.

물론 진짜 화석들도 있다. 계룡산 자연사 박물관에 있는 브라키오사우루스는 미국 와이오밍 주에서 2002년에 발굴된 것으로, 박물관에서 직접 처리와 복원 과정을 거쳐서 만들어 낸 진짜 중의 진짜이다. 고성 공룡 박물관에도 오비랩터와 프로토케라톱스의 진품 화석이 전시되어 있다.

그럼 왜 공룡 화석은 가짜가 많을까? 완전한 공룡 화석이 생성되려면 여러 가지 조건이 필요하다. 우선 공룡이 퇴적층에서 죽어야 한다. 딱딱한 곳에서 죽으면 아무런 흔적도 남지 않기 때문이다. 그런 다음 여러 지각 현상들에 의해서도 형태를 유지하고 있어야 한다. 현실적으로는 10억 개의 뼈 가운데 겨우 한 개 정도만 화석으로 만들어질 확률이 있다고 한다. 더구나 땅속에 숨어 있는 그 화석을 누군가 발견하고 또 모양을 잘 맞추어야 우리가 볼 수 있는 것이다. 그러니 박물관마다 실제 공룡 화석을 갖추어 놓기란 어렵고도 어려운 일이다.

현재 지구상의 사람들이 한꺼번에 죽는다고 가정할 때, 한 사람당 약 206개의 뼈를 가지고 있으니까, 60억 명의 사람들이 죽은 뒤 화석으로 남는 뼈는 겨우 1200개 정도인 셈이다. 골고루 남는다고 해도 겨우 6명 정도만 화석으로 남게 된다. 만약 지구가 갑자기 멸망하고 수백만 년이 지난 뒤에 새로운 생명체가 지구에 나타난다면, 그들은 인간의 존재에 대해서 아무것도 알지 못할 것이다.

도 위력이 셌던 것이다.

그렇다면 유카탄 반도에 떨어진 운석은 재앙이라고 할 정도로 위력이 세었다고 할 수 있다. 충돌 때문에 큰 지진과 화산 폭발, 해일 등이 공룡들을 휩쓸어 버리고, 가까스로 살아남은 공룡들도 결국 무사하지 못했을 것이다. 대규모 화산 폭발로 먼지들이 태양을 가려 기온이 급격히 내려가고, 먹을것이 없어진 공룡들은 서서히 멸망의 길로 들어서고만 셈이다.

런던 자연사 박물관에서 가장 웃음을 자아냈던 것이 바로 공룡의 멸망에 대한 다양한 가능성을 상상해 만화로 표현한 것이었다. 피부병과 백내장, 심각한 허리 디스크 때문에 공룡이 죽었다는 설, 공룡이 배설한 엄청난 양의 똥에 중독되었다는 설, 우주인이 와서 식량으로 모두 잡아갔다는 설, 지루함을 견디지 못하고 집단 자살을 했다는 설 등을 재미있게 표현한 그림들이 어린이들도 쉽게 이해할 수 있도록 구성되어 있었다.

거대한 고래를 만나다

지구상에서 가장 큰 동물은 고래이다. 하지만 실제로 고래를 본 사람은 그리 많지 않다. 워낙 크기 때문에 수족관에도, 자연사 박물관에도 작은 고래만 있을 뿐이다. 그런데 런던 자연사 박물관에는 커다란 고래

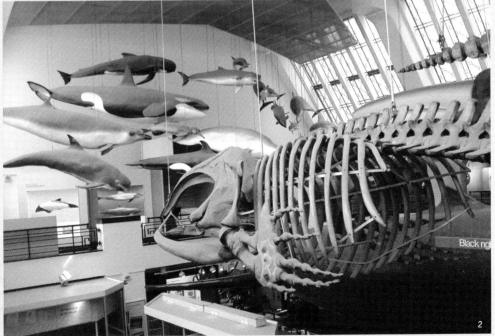

1, 2 흰수염고래관. 고래의 표본과 뼈, 그 밖의 동물들이 어우러져 역동적인 느낌을 준다.

가 있었다. 그것도 세계에서 가장 크다는 흰수염고래blue whale였다.

숲 속에선 숲이 보이지 않는다고 했던가? 처음 '흰수염고래관'으로 들어서면 고래가 아닌 기린, 코끼리, 하마 같은 동물들만 눈에 들어온다. 고래가 어디 있냐고 물어보는 사람들도 있다나. 커다란 포유류들 뒤에 배경처럼 놓인 파란 벽(?)이 바로 우리가 찾고 있던 고래였다.

실내 체육관처럼 널찍한 공간에 흰수염고래와 여러 종류의 고래, 그리고 포유류 등이 어우러져 있었다. 천장에 매달린 수많은 고래들의 뼈와 표본들은 마치 바닷속에 들어간 것과 같은 환상을 불러 일으켰다. 영어로 된 설명들을 읽느라 피곤했던 눈이 확 풀리는 듯한 개운함을 만끽할 수 있었다.

천장에 매달린 흰수염고래의 뼈는 길이가 25미터에 무게가 10톤이 넘었다. 바닷가웩스포드 만에 42년 동안 방치되었던 것을 1934년에 이곳으로 옮겨 온 것이다. 이 일을 계기로 실제 흰수염고래를 전시하는 것에 대한 논의가 이루어졌다고 한다. 그런데 엄청나게 큰 고래28.3미터를 구하자니 실로 엄청난 비용이 들었기 때문에 실물 크기의 모형을 만들어 놓은 것이란다. 모형을 만드는 기간 동안 인부들이 몰래 담배를 피기 위해서 고래의 뱃속에 비밀 문을 만들었는데, 나중에 작업이 끝날 때 그 안에 동전과 전화번호부를 넣고 닫아 버렸다고 한다. 이 때문에 흰수염고래 속에 타임캡슐이 들어 있다는 미신이 퍼지기도 했다고.

"저 고래는 한번 청소하려면 진짜 힘들겠다."

흰수염고래관에 있는 여러 포유류 중 기린 모형

흰수염고래를 보던 민규가 말했다. 실제로 이 거대한 흰수염고래의 뼈를 청소하는 데는 3주일이나 걸리는데, 뼈에 붙은 때는 다름 아닌 사람의 머리카락과 피부 조각, 그리고 옷에서 나온 섬유 같은 것들이라고 한다. 그만큼 엄청나게 많은 사람들이 구경을 온다는 얘기이다.

그런데 흰수염고래에 대해서 우리는 얼마나 알고 있을까? 사실 고래 전문가들도 아는 것보다 모르는 것이 훨씬 더 많다고 한다. 흰수염고래는 적도부터 극지방에 이르기까지 지구의 절반을 돌아다니고 숨을 쉬기 위해서 잠시 수면으로 올라올 뿐, 많은 시간을 수심 100미터 아래서 지내기 때문에 만나기가 쉽지 않다. 수면으로 올라왔다가 내려갈 때 생기는 피부 조각이나 배설물 같은 부산물들이 고래 연구의 자료가 된다고 한다.

곤충들이 스멀스멀

"빈샘은 제일 좋아하는 동물이 뭐예요?"

"기린, 고양이, 물범."

"그럼 가장 싫어하는 동물은요?"

"글쎄⋯⋯. 아! 생각났다. 발이 없거나 많이 달린 것은 뭐든 징그러워서 싫어요."

동물을 좋아하는 사람들이라도 뱀이나 곤충은 대부분 혐오한다. 특

1 우리 주변에 가장 많은 동물은 무엇일까? 이 세상의 동물들 중에서 80퍼센트는 곤충을 비롯한 기어다니는 동물들이다. 2 '기어다니는 동물관' 즉 곤충관 입구. 위쪽에 붙어 있는 사슴벌레의 모형이 귀엽다.

히 방 안이나 부엌에서 기어가는 무언가를 발견하면 누구나 질색을 하게 마련이다.

런던 자연사 박물관에는 '기는 것들'을 모아 놓은 전시관이 따로 구성되어 있었다. 막연히 곤충 표본들을 모아 놓았을 것이라고 생각하고 들어간 그곳은 그야말로 놀라움 그 자체였다. 런던 자연사 박물관 전체에서 가장 아기자기하고 재미있게 꾸며 놓은 곳이라고 할까?

기어 다니는 파충류와 곤충들이 우리의 생활과 어떻게 관련되어 있는지를 나타내는 전시물이 많았다. 그중에서 사람들의 관심을 가장 많이 받은 것은 실제 집과 똑같이 생긴 모형 안에 다양한 곤충들의 모형을 배치해 놓은 전시물이었다. 찬장을 열면 빵 위에는 벌레가, 접시 위 달걀 프라이와 감자에는 파리들이 붙어 있었고, 개미 떼는 싱크대 속 음식 찌꺼기를 향해서 줄지어 가고 있었다. 약간 소름이 끼쳤지만 흥미로운

¹'곤충의 집'. 집 안에 서식하는 다양한 곤충을 실제와 흡사한 모형으로 만들어 놓았다. ²음식물 위의 파리들

전시였다.

전시물이 끝나는 지점 부근에서 아이들이 모여 유리벽 안을 살펴보고 있었다. 궁금해서 다가가 보니 바로 살아 있는 개미였다. 개미들은 둥지에서 출발해 나무다리를 건너 반대편에 있는 식물의 잎을 아래턱으로 작게 자른 다음 집으로 가져오고 있었다. 가만히 앉아서 살펴보니 "개미처럼 일한다."라는 말 그대로 엄청나게 많은 일을 하고 있었다. 그런데 가끔은 아무것도 나르지 않고 있는 개미도 눈에 띄었다. 앗, 개미사회에서도 땡땡이치는 녀석들이 있네!

빈샘이 개미들 옆에 적혀 있는 글을 보고는 이 개미들은 잎을 둥지로 가지고 가서 먹이를 만드는 재료로 사용한다고 알려 주었다.

우리는 한국에 돌아온 뒤에 이 개미들을 다시 보았다. 런던 자연사 박물관 홈페이지에서 제공하는 '앤트캠www.nhm.ac.uk/kids-only/naturecams/antcam'.
이곳에 들어가면 귀여운 개미들이 나뭇잎을 열심히 잘라 나르는 모습
을 만날 수 있다. 이샘

런던 자연사 박물관 찾아가기

홈페이지 ▶ www.nhm.ac.uk

주　　소 ▶ Natural History Museum, Cromwell Road, London SW7 5BD

교 통 편 ▶ 런던 South Kensington 역에서 도보 5분

개관 시간 ▶ 10:00~17:50

입 장 료 ▶ 무료

인류를 구할 곰팡이가 태어나다
플레밍 박물관

굴이 가득 든 상자 안에서 곰팡이가 핀 굴을 발견할 때가 있다. 아깝기는 하지만 곰팡이가 핀 굴은 못 먹고 버리게 마련이다. 그런데 어떤 곰팡이들은 먹을 수도 있을뿐더러 사람을 살리기까지 한다. 바로 푸른곰팡이에서 추출한 페니실린이 그 주인공이다.

제1차, 2차 세계 대전을 치르며 수많은 군인들이 상처를 입고 죽어 갔다. 총을 맞아 치명적인 상처를 입고 죽은 경우도 있지만, 감염으로 상처가 썩어 들어가 죽은 병사들도 많았다. 이런 상처의 감염을 막을 수 있는 물질이 항생제이며, 항생제 중 가장 대표적인 것이 페니실린이다.

우리는 페니실린이 탄생한 곳, 플레밍 박물관이 있는 런던 세인트 메리 병원을 찾아가기로 했다. 정확한 위치를 파악하기 위해 이샘이 전 세계 위성 사진을 볼 수 있는 구글 어스Google Earth 프로그램을 이용했다. 이 프로그램으로 패딩턴 역 부근을 내려다보니 병원의 위치가 나타났다. 덕분에 힘들지 않고 찾아갈 수 있었다.

병원 입구에 적힌 표시를 따라 들어가니 박물관 입구가 나타났다. 박물관

1, 2 세인트 메리 병원 정문. 왼쪽으로 보이는 건물에 플레밍 박물관이 있다. 벽에 붙은 둥근 금속판에는 "알렉산더 플레밍이 이 건물 2층에서 페니실린을 발견했다."라고 새겨져 있다. 3 병원 정문으로 들어가면 왼쪽에 플레밍 박물관 입구가 보인다. 4, 5 플레밍의 페니실린 발견에 관한 설명이 있는 포스터 6 페니실린을 발견한 실험실. 안에서는 사진 촬용이 금지되어 있어 밖에서 촬영했다.

이라고는 하지만 페니실린 발견에 기여한 미생물학자 알렉산더 플레밍의 일대기와 페니실린 관련 포스터가 있는 방, 영상실, 그리고 플레밍의 실험실이 전부였다.

먼저 가 본 곳은 당연히 실험실. 학교 실험실의 절반 크기도 안 되는 작은 방에 실험대와 진열장이 하나씩 있을 뿐이었다. 창문으로 들어오는 햇빛을 받은 실험대 위에는 몇 개의 플라스크와 페트리 접시, 그리고 현미경이 보였다. 진열장에는 책들이 꽂혀 있었고, 한쪽에는 플레밍이 노벨상을 받을 때 찍은 사진들이 놓여 있었다.

가이드를 맡은 노부인이 실험에 쓰였던 페트리 접시를 꺼내서 보여 주었다. 그것은 지름이 10센티미터가량 되는 유리 접시로, 뚜껑이 있어 영양 물질배지과 세균을 넣어 번식시킬 수 있다.

세균을 연구하던 플레밍은 1928년, 포도상구균을 배양하던 어느 날 페트리 접시 하나에 푸른곰팡이가 피어 있고 곰팡이 주변의 세균은 사라진 것을 발견하였다. 그는 다양한 종류의 세균으로 실험을 반복하면서 어떤 세균은 곰팡이에게서 공격을 받는다는 사실을 알아냈다. 그래서 곰팡이가 세균을 공격하는 물질을 가지고 있거나 그런 물질을 만들어 낸다고 생각했고, 이 물질에 페니실린이라는 이름을 붙였다. 그러나 플레밍은 페니실린을 순수하게 분리하는 데에는 실패했다. 결국 그는 연구 결과를 논문으로 발표하고는 더 이상 연구를 지속하지 않았다.

몇 년 뒤, 옥스퍼드 대학의 병리학자인 하워드 플로리와 생화학자인 어니스트 체인이 1년여의 연구 끝에 페니실린을 분리하여 대량 생산하는 데 성공했다. 그 덕분에 플레밍은 그들과 함께 1945년 노벨 생리·의학상 수상자가 됐다.

그 후 페니실린은 패혈증과 폐렴을 비롯한 세균성 질환, 수술할 때 생길 수 있는 감염을 막아 수많은 환자들을 살려 냈다. 우연히 생긴 곰팡이와 플레밍의 생각, 그리고 두 학자의 노력으로 기적의 항생제가 탄생한 것이다. 인류를 구원한 페니실린의 산실, 밖에서 다시 바라본 2층의 실험실은 결코 '작은' 실험실이 아니었다. 빅샘

플레밍 박물관 찾아가기

홈페이지 ▶ www.st-marys.nhs.uk/fleming-museum.html

주   소 ▶ St. Mary's Hospital, Praed Street, London W2

교 통 편 ▶ 런던 Paddington 역에서 도보 5분

개관 시간 ▶ 월~목요일 10:00~13:00 공휴일, 12월 24~26일 휴무

입 장 료 ▶ 어른 2파운드, 어린이·학생·노인 1파운드

아틀라스 씨, 별로 안 무겁죠?

7 꿈틀거리는 지구 속으로

런던 자연사 박물관 지구관

:: 관련 단원
중학교 과학 1 지각의 물질 | 고등학교 과학 지구의 변동
고등학교 지구과학 1 하나뿐인 지구

지구 속으로 뚜벅뚜벅

런던 자연사 박물관의 주요 전시 주제를 두 가지로 구분해 본다면 생명생물과 지구무생물라고 할 수 있다. 이 박물관은 크게 레드 존Red Zone, 그린 존Green Zone, 오렌지 존Orange Zone, 블루 존Blue Zone으로 나뉘어 있다. 레드 존은 지구라는 행성에 관한 주제를 다루고 있고, 블루 존은 공룡과 포유류를 비롯한 각종 동물을, 그린 존은 생명의 진화와 생태 환경을 다루며, 오렌지 존은 야생화 정원과 다윈 센터로 구성돼 있다.

생물 분야와 관련된 블루·그린·오렌지 존과 뚜렷이 구분되는 레드 존은 정문 쪽 말고도 따로 지구관이라고 쓰인 입구가 마련돼 있었다. 앞에서 보았던 공룡과 동식물 그리고 곤충과 작별한 뒤, 우리는 무생물의 공간인 지구관으로 발걸음을 옮겼다.

입구에 들어서니 푸른빛 조명이 은은히 비추는 약간 어두운 중앙 홀이 나타났다. 홀의 양쪽 검은 벽면에 그려진 행성과 별자리들이 서로 어우러져 마치 우주 공간에 들어온 듯한 느낌을 주었다. 특히 눈길을 끈 것은 커다란 지구본과 그 지구본 안으로 들어가는 에스컬레이터였다. 커다란 지구본 속으로 에스컬레이터를 타고 들어가는 사람들. 대체 저 속에 무엇이 있기에……?

서둘러 올라가려 하는데 엘리베이터 앞쪽에 자리한 커다란 조각상들이 눈에 띄었다. 조각상마다 다른 이름이 붙어 있었는데 맨 앞쪽에 있는 조각상에는 '지구의 시작'이라고 적혀 있었다. 지구의 시작을 어떻게

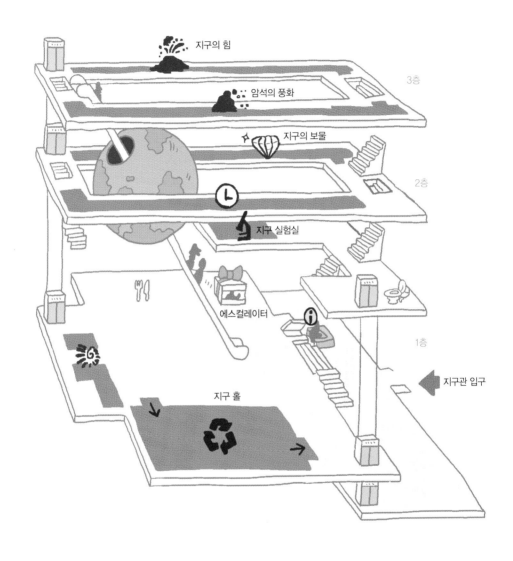

지구의 힘

3층

암석의 풍화

지구의 보물

2층

지구 실험실

에스컬레이터

1층

지구 홀

지구관 입구

런던 자연사 박물관 지구관 배치도

¹런던 자연사 박물관 지구관 ²,³조각상들 뒤로 엘리베이터가 보인다. 엘리베이터 양쪽 벽면에는 별자리와 행성들이 그려져 있다. ⁴지구본을 어깨에 메고 있는 아틀라스 조각상 아래에는 '지구의 모양과 위치에 대한 시각'이라는 제목과 함께, 지구의 크기를 측정한 에라토스테네스의 실험 방법에 대한 설명과 태양계 모형이 있다.

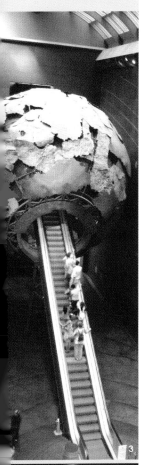

표현했을까 싶어 보았더니 조각상 아래 암석과 운석이 놓여 있었다. 이것이 지구의 시작이라면……, 지구에서 가장 오래된 돌인가? 그린란드에서 발견된 이 화강편마암 덩어리의 나이는 자그마치 38억 살이란다. 그렇다면 지구의 나이도 38억 살이라는 것일까?

그렇지 않다. 암석이 만들어지는 데 시간이 걸리므로 지구는 이 암석보다 나이가 많을 것이다. 운석은 지구가 만들어질 때 같이 만들어진 태양계의 파편들이다. 운석의 성분과 나이는 지구의 성분과 나이를 알려주는 중요한 정보이다. 따라서 암석과 운석이야말로 지구의 시작을 대표하는 중요한 단서가 된다. 다른 조각상들 아래에 전시된 것도 각각 지구의 면면을 표현하고 있었다. 태양계 모형, 선사 시대 인류의 두개골, 석회 동굴의 종유석, 달 사진 등 과거부터 최근까지 수집한 지구에 관한 자료들이었다.

런던 자연사 박물관은 대부분 사진 촬영이 허용되어 있어 마음 편하게 사진을 찍었는데, 지나가던 인상 좋은 영국 할머니 한 분이 지구 홀 앞에서 독사진을 찍어 주었다. 사진도 찍었겠다, 이제 본격적으로 지구관에 입장하기 위해 에스컬레이터를 타고 올라갔다. 저 건너편, 지구를 뚫고 나가면 어떤 것이 우리를 기다릴까?

화산, 지구의 힘을 보여 줘!

에스컬레이터에서 내리자 지구관의 맨 꼭대기, 3층Floor 2이 나왔다. 입구에 적힌 '지구의 힘'이라는 제목에서 짐작할 수 있듯 이 전시장의 주제는 화산이나 지진과 같은, 지구 내부의 에너지에 대한 것이었다.

이곳에서는 지구의 암석이 어떻게 변하고, 지진과 화산 활동이 어떤 힘의 원리로 일어나는지 보여 주고 있었다. 힘을 받아 휘어지고 납작해진 암석들이 전시관의 첫머리에 놓여 있었다.

지구의 힘 하면 뭐니 뭐니 해도 화산 활동이다. 화산에 관한 전시실에는 화산 폭발로 생겨난 각종 쇄설물들이 있었다. 뿜어져 나온 화산재, 흘러나온 용암이 식은 덩어리, 폭발할 때 떨어진 농구공만 한 화산탄, 바닷속에서 빠르게 식어 만들어진 베개 용암 등을 볼 수 있었다. 전시물들을 보고 있으려니 예전에 어떤 영화에서 여자 주인공이 화산 폭발 때 날아온 화산탄에 맞아 죽었던 장면이 떠올랐다. 화산이 폭발할 때 용암이 솟구쳐 오르면서 식어 형성된 화산탄이나 화산재는 마치 수류탄처럼 지상에 떨어져 엄청난 해를 입히곤 한다. 1991년 일본 운젠 화산이 폭발했을 때에는 근처 마을이 화산탄과 화산재 등의 쇄설물에 완전히 묻혀 버리기도 했다.

이곳 전시실에도 부서져 버린 집과 자동차가 화산재를 뒤집어쓰고 있었다. 1991년 필리핀 피나투보 화산 폭발 때 화산재에 묻혀 버린 자동차를 통째로 갖다 놓다니, 참 스케일도 크다.

¹지구 내부의 힘이 작용한 암석들. 습곡, 단층, 절리 등 모든 지각 변동의 모습을 실물로 보여 준다. ²암석을 꽉 쥐었다 놓은 듯한 모습. 지층 양쪽에서 힘(횡압력)이 가해지면서 평행하게 쌓여 있던 지층이 찌그러져 형성된 것이다. ³화산 폭발로 부서진 자동차. 뿌연 화산재를 뒤집어쓰고 있다. ⁴실제 화산 쇄설물들. 화산탄, 응회암, 집괴암 등 화산 폭발로 나오는 돌에 대한 것이 다 있다.

그런데 화산재가 해로운 것만은 아니다. 많은 사람들이 위험을 감수하면서까지 화산 지역에 사는 것도 다 화산이 쓸모(?)가 있어서이다. 화산재가 쌓였던 암석은 풍화되어 칼륨과 인이 풍부한 토양이 되기 때문에 영양분이 많아 농작물이 잘 자란다. 이탈리아 나폴리 만 연안에 있던 고대 도시 폼페이는 베수비오 화산의 폭발로 화산재와 용암에 묻혀 사라졌다. 그래서 이탈리아의 화산 지역은 화산재가 만든 비옥한 토양 덕분에 포도가 잘 자란다. 이탈리아 포도주가 화산재 덕분에 맛있는 포도주로 이름을 얻은 것이다. 이곳 지구관 전시실에는 이런 사실을 보여 주기 위해 포도주까지 전시해 놓았다. 자연 현상에는 나쁘기만 한 것은 없는 것 같다. 잃는 것이 있으면 얻는 것도 있는 법!

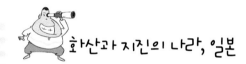

화산과 지진의 나라, 일본

화산 폭발과 지진은 왜 일어나는 것일까? 이와 같은 지구의 폭발적인 힘을 설명해 주는 이론이 판구조론이다. 지구 표면은 10여 개의 딱딱한 판으로 덮여 있는데, 이 판들이 움직이면서 생기는 경계 부분에서 지진과 화산 폭발이 주로 일어난다. 판들은 서로 마주 보고 운동하면서 부딪쳐 들어가 해구라는 깊은 골짜기를 만들기도 하고, 반대 방향으로 움직이면서 갈라져 해령이라는 지형을 만들기도 한다. 이렇게 부딪치거나 갈라지는 지형 근처에 있는 곳이 조용할 리가 없다.

지진과 화산 활동이 잦은 일본은 유라시아 판, 태평양 판, 필리핀 판이 만나는 경계에 있다. 밀도가 큰 태평양 판은 유라시아 판과 부딪치는 경계에서 들어가 깊은 골짜기인 해구가 만들어진다. 이때 맨틀 속으로 들어가는 태평양 판 위의 퇴적물들은 온도가 점차 상승하면서 일정 깊이에 도달해 마그마를 만들고 위로 올라가 화산으로 이루어진 섬인 호상 열도를 만든다. 이렇게 생겨난 화산섬이 일본이다.

흔들리는 슈퍼마켓

지진 전시실에도 스케일을 자랑하는 전시물이 있었다. 바로 일본 고베 시의 어느 슈퍼마켓을 그대로 재현해 놓은 것. 1995년 1월 17일 일어난 고베 지진은 규모 7.5의 강진으로 사망자 5249명, 부상자 2만 6804명, 이재민 약 20만 명, 피해액 14조 1000억 엔이라는 경악할 만한 결과를 불러왔다. 석원이와 민규는 그 사실을 아는지 모르는지 슈퍼마켓에 들어가 이것저것 구경하기 바빴다. 그런데 갑자기 이 슈퍼마켓이 마구 흔들리는 것이 아닌가! 바닥이 흔들흔들하고 선반 위의 물건들이 곧 떨어질 듯이 들썩거렸다. 사람이 서 있지 못할 정도로 흔들리는 것은 아니었지만 바닥이 이쪽저쪽으로 들렸다 내려갔다 하는 느낌이 들었다.

"앗, 바닥이 흔들려요!"

"저기 선반에 있는 과자도 떨어지겠어요."

아이들은 마냥 신기하고 재미있나 보다. 하긴 실제 지진이 아니니 저리 느긋하겠지.

지진이 발생하면 언제 어디서 얼마나 큰 강도로 일어났는지 발표된다. 지진이 발생한 시점을 진원시라고 하며, 발생한 지점은 진원, 지진의 크기는 규모로 나타낸다. 규모는 지진이 발생할 때의 에너지를 나타내는 단위로, 보통 국제적으로 리히터 규모방송에 곧잘 나오는 "리히터 지진계로 측정한 결과"라는 말은 잘못된 것이다. 그런 지진계는 없다.를 많이 쓰며 그 크기를 아라비아 숫자로 나타낸다. 예를 들면 '리히터 규모 4.5' 하는 식이다. 숫자가 클수록 규모가 크다. 예컨대 규모가 5 이상이면 건물에 심각한 해를 입힐 수 있으며, 규모가 8 이상 되면 히로시마 원자 폭탄의 1만 배가 넘는 큰 에너지가 폭발해 지상에 남는 것은 아무것도 없다. 우리나라의 경우에도 규모 5 이상의 지진에 대한 기록이 남아 있으며 사람이 잘 느끼지 못하는 규모 2~3 정도의 지진은 자주 일어난다. 일본에서는 규모 5 이상의 지진이 자주 발생하는데, 고베 지진의 경우 규모 7이 넘는 강진이었다.

지진의 진도는 흔들리는 정도를 나타내는 단위로, 같은 규모의 지진이라도 어떤 지역에서 관측하는가에 따라 진도가 달라진다. 예를 들어 규모 5의 진원에서 가까운 곳과 먼 곳에서 각각 진도를 측정하면 가까운 곳의 진도가 더 크게 나온다. 진도는 로마 숫자로 표현하는데, 어떤 장소에 나타난 진동의 세기를 사람의 느낌이나 주변의 물체 또는 구조

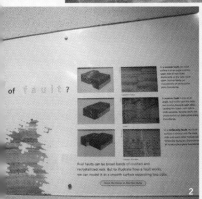

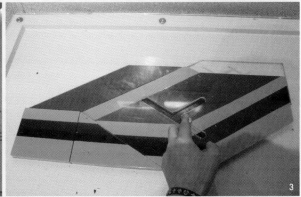

¹각 기둥 앞에 가면 풍화 작용을 느낄 수 있다. ²단층을 설명해 주고 직접 체험해 볼 수 있게 해 놓았다. ³단층 모양을 만들어 보는 실험. 잘린 부분을 어떻게 움직이느냐에 따라 단층의 종류가 정해진다. ⁴암석이 풍화된 모습을 공구가 만들어 내는 자국과 비교 전시해 놓았다. 저 공구를 쓰면 저런 모양이 생기나 보다. ⁵바람과 강물 때문에 생기는 흐름으로 생기는 알갱이들의 움직임을 직접 작동해 볼 수 있는 장치

1 풍화 순서대로 변하는 암석의 모습을 나열해 놓았다. 각진 암석에서 시작해 차츰 둥글어지고 작아지는 암석을 볼 수 있다. 2 암석으로 가는 길. 암석이 거치는 변화 과정을 따라가 보면 최종 결과물을 만날 수 있다. 3 퇴적물을 다지는 작용. 커피 프레스기처럼 생긴 통 안의 뚜껑을 내리누르면 퇴적물이 눌린다. 4 태양계에 대한 전시관. 행성의 버튼을 누르면 그 행성의 중력이 지구 중력의 몇 배인지, 표면 온도가 얼마인지 색깔별로 눈금이 올라가는 것이 인상적이다. 지금은 왜소행성 134340이 된 명왕성의 온도와 중력이 버튼을 누르면 올라간다.

물의 흔들림 정도를 수치로 표현한다. 예를 들면 진도 V는 그 흔들림을 거의 모든 사람들이 느낄 정도의 것으로, 그릇과 창문 등이 깨진다. 지진이 자주 일어나는 일본에서는 지진 체험실에서 학생들에게 진도에 따른 흔들림을 느끼게 해 주고 어떻게 대피해야 하는지 일상적으로 교육하고 훈련한다고 한다. 우리나라 대전 지질 자원 연구소에 있는 지질 박물관에 가면 지진 체험실에 들어가 볼 수 있으니, 진동을 실감하고 싶은 사람은 한번 가 볼 만하다.

흔들리는 고베 슈퍼마켓 말고도 실감나는 전시물들이 많았다. '암석의 풍화'라는 주제 아래에는 다섯 개의 금속 기둥이 서 있었다. 각 금속 기둥에는 암석의 풍화 요인인 얼음, 바람, 물, 중력, 생명이라는 말이 적혀 있었다. 아무리 커다란 돌덩어리라도 중력의 작용으로 굴러 떨어지거나 바람에 깎이거나 틈새로 물이 스며들어 얼었다 녹았다 하거나 식물이 뿌리를 내리면 풍화가 일어난다.

잠시 후 어떤 기둥에 가까이 다가서는 순간, 우리는 그것이 무너져 내리는 줄 알고 깜짝 놀랐다. '쿵' 하는 소리와 함께 기둥 윗부분이 반으로 뚝 끊긴 것이다. 기둥에 적힌 중력이라는 문구 그대로 중력 때문에 산사태가 일어나 산에 쌓였던 돌이 굴러 떨어져 풍화되는 것을 보여 주고 있었다.

"앗! 여기는 바람이 나와요."

민규 말대로 바람이라고 적힌 기둥에서는 실제로 바람이 나왔다. 얼음이라고 써 있는 기둥에 손바닥 모양이 그려져 있기에 손을 대 보니 그 부분이 얼음처럼 차가웠다. 소리를 이용한 전시물도 많아, 대기와 날씨에 관해 설명해 놓은 전시실은 들어가면 천둥소리와 함께 실제처럼 번개가 치기도 했다. 보는 것만이 아니라 소리와 느낌 등 다양한 감각을 이용하여 지구의 움직임을 느낄 수 있도록 한 점이 이곳의 매력이다.

유성과 운석

유성은 혜성이나 소행성에서 떨어져 나온 암석 덩어리, 티끌 또는 태양계를 떠돌던 먼지 등이 지구 근처로 왔을 때 지구 중력에 끌려 떨어지면서 대기와 마찰해 불타는 현상을 말한다. 우리말로 별똥별, 즉 별의 배설물이라고나 할까? 대부분의 유성은 공중에서 타 버리지만 커다란 유성체의 경우에는 다 타지 못한 채 지표면까지 떨어진다. 이런 천체를 운석이라고 하며, 지표면을 때릴 때 거대한 운석 구덩이를 만든다. 운석은 돌로 된 석질 운석이 많으며 철과 니켈로 구성된 철질 운석이나 두 가지가 섞인 운석도 있다. 우리가 길을 걷다가 하늘에서 떨어진 운석에 맞는다면? 생각만 해도 아찔하다. 그러나 걱정할 필요는 없다. 우리 머리 위로 운석이 떨어질 확률은 800조 년을 산다고 가정했을 때 한 번 꼴이니까. 그야말로 기우란 말씀!

1둥근 판에 각종 암석을 붙여 놓았다. 암석마다 색깔과 모양이 달라 화려한 스테인드글라스처럼 보인다. 2광물 옆에 보이는 하얀 판이 조흔판이다. 광물을 거친 면(조흔판)에 긁으면 고유의 색(조흔색)이 나타난다. 여러 개의 광물들이 천천히 움직이면서 조흔판에 색깔을 남겼다.

지구의 보물, 돌

3층에서 내려와 2층 '지구의 보물'이라는 전시관으로 들어갔다. 보물이라는 제목에 잔뜩 기대하고 들어간 우리가 만난 것은 돌들이었다. 하긴 다이아몬드, 루비, 사파이어 같은 보석도 따지고 보면 돌이지.

런던 자연사 박물관의 광물과 암석 전시는 분량도 많거니와 광물의 성질과 활용에 대해 다양하고도 자세하게 설명해 놓은 점이 특징이다. 런던의 건물들 중에는 오래된 벽돌 건물이 많은데, 사암으로 된 벽과 화강암으로 된 벽을 비교해 보고 어떤 암석을 지붕 재료로 쓰는 것이 좋은지, 런던에서 유명한 건물들이 어떤 돌을 사용했는지 등에 대해 표본을 전시하고 장단점을 비교해 놓았다.

광물의 경우에도 생활 속에서 그 광물이 어떻게 이용되는지를 하나의 주제로 다루고 있었다. 석기 시대의 돌도끼에서부터 최첨단 컴퓨터 부품에 쓰이는 광물 자원까지 아우른다. 알루미늄, 구리 등의 자원이나 액세서리용 보석, 바닥과 벽에 쓰이는 자재, 아플 때 먹는 약에 이르기까지 광물의 쓰임새는 무궁무진하다.

3기증받은 각종 보석 광물들. 전시관에 있는 보석들을 합치면 가격이 얼마나 될까? 4약에 쓰이는 광물들 5각종 건축 자재로 쓰이는 암석판들

지구 실험실에 있는 현미경 투영기. 모래를 확대한 영상이 모니터에 떠 있다.

지구관 말고도 이곳 자연사 박물관 안에는 광물을 종류별로 모아 놓은 광물관이 따로 있었다. 그린 존에 속한 광물관에는 수십 년 동안 모은 광물들이 전시되어 있었다. 광물들이 구성 성분별로 규산염, 탄산염, 황화, 원소 광물 등으로 나뉘어 있었는데, 그 종류만 해도 18만 가지나 된다니 입이 딱 벌어졌다. 운석관도 따로 있었는데 아쉽게도 새로 단장 중이라 들어가 볼 수 없었다. 세계에서 가장 큰 운석 덩어리가 있다는데 확인하지 못하고 운석관 입구에 놓인 한 개만 볼 수 있었다. 아르헨티나에 떨어졌다는 이 철덩어리 운석은 무게가 자그마치 635킬로그램이나 된다고.

이 밖에 지구관 안에는 지구 실험실이 있었다. 각종 책과 광물 표본들이 현미경과 함께 있어 학생들이 자료를 찾고 직접 관찰할 수 있는 장소이다. 우리나라의 경우 서대문 자연사 박물관에 가면 교육용 강의실과 도서실이 있어 관람 온 학생들이 활용할 수 있다. 거기에 이런 실험실까지 확보된다면 자연사 박물관이 전문적인 교육 장소가 될 수 있을 것이라는 생각이 들었다.

지구의 역사와 구성 성분을 아는 것이 왜 중요할까? 과거가 없다면 현재와 미래도 있을 수 없다. 우리가 지구에 대해 잘 알고 있다면 앞으로 우리 지구를 어떻게 지켜야 하는지도 알 수 있을 것이다.

지구에 대해 궁금한 것이 있다면 우리 주위의 자연사 박물관을 찾아가 보자. 그곳에서 지구의 역사를 들여다보자. 뷔셈

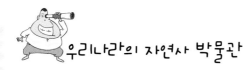

우리나라의 자연사 박물관

서울에는 서대문 자연사 박물관과 이화여대 자연사 박물관이 있다. 서대문구 연희동에 위치한 서대문 자연사 박물관은 생명 진화관과 지구 환경관으로 이루어져 있으며 박물관 자체 교육 프로그램, 방학 중 체험 교실 활동 등이 있어 관람과 실험을 함께 할 수 있다. 이화여대 교내에 위치한 자연사 박물관에서는 식물과 곤충, 척추·무척추 동물, 지구과학에 관한 전시를 하는 상설전과 함께, 우리나라의 생태계를 재현하고 지구의 탄생 및 인류의 진화 과정과 살아 있는 생물이 있는 디오라마실의 전시, 주제별 특별전 등을 만날 수 있다. 그 밖에 특별 강연과 자연 탐사 프로그램에도 참여할 수 있다.

계룡산 국립 공원에 위치한 계룡산 자연사 박물관은 공룡 화석, 운석, 광물, 동물과 식물에 관한 다양한 자료를 보유하고 있다. 특히 미국 와이오밍 주에서 발굴하여 복원한 공룡 브라키오사우루스 화석이 있는데, 이 화석은 미국 시카고 필드, 독일 훔볼트 자연사 박물관 등 전 세계에 3개만 남아 있는 귀한 화석이다. 국내에서 가장 오래된 미라도 유명하다.

강원도 태백에 있는 석탄 박물관은 과거 탄광 지역이었다는 특징을 살려 암석과 광물 그리고 자원이라는 주제를 다루고 있으며, 엘리베이터를 타고 탄광 체험을 할 수 있게 지하 갱도를 재현해 놓은 것이 인상적이다. 각종 암석과 광물을 전시한 야외 전시장도 학습에 이용하기에 좋다.

서대문 자연사 박물관 중앙 홀

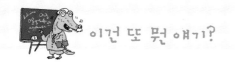

전 세계 바다를 누빈 흔적
국립 해양 박물관

그리니치 천문대 앞에는 그리니치 공원이 한눈에 내려다보이는 전망대가 있다. 전망대에서 내려다보면 그리니치 공원의 푸른 잔디와 국립 해양 박물관, 퀸스 하우스, 해군 학교 등이 한눈에 보인다.

공원 안에 있는 국립 해양 박물관은 1937년 문을 연 세계 최대 규모의 해양 박물관이다. 이곳에는 바다의 과거와 현재, 그리고 미래를 보여 주는 16개의 갤러리로 나뉘어, 배, 항해 지도, 선원복 등 항해에 관한 모든 것이 전시되어 있었다.

그중 '여객선'관에서는 19∼20세기 미국 등 신대륙으로 이주하는 사람들의 희망을 실어 날랐던 커다란 여객선의 역사를 살펴볼 수 있었다. '스타일'관에는 해군 제복과 잠수복 등 항해할 때 입는 여러 가지 의상이, '무역과 제국'관에는 영국과 교역했던 많은 나라들의 생산품과 기념품이 즐비했다. '미술과 바다'관에는 터너를 비롯한 화가들이 그린 영국 바다와 해군의 모습으로 영국 해상의 역사를 담았다. '발견의 바다'관에서는 일찍이 전 세계와 무역을 했던 영국답게 지도, 시계, 나침반 등 항해에 필요한 모든 것과 제

1 국립 해양 박물관은 그리니치 천문대로 올라가기 전, 그리니치 공원 안에 있다. 2 국립 해양 박물관 내부 3 19세기에 사용했던 세계 지도 4 박물관 밖에 있는 제임스 쿡 동상. 그는 세계 일주 항해를 하며 그동안 알려지지 않았던 섬들을 발견하고 항로를 개척했다. 평민 출신이지만 왕립 학회 회원으로 선출되었고 선원들에게 많은 존경을 받았다.

길이 64미터, 높이 46.3미터의 위용을 자랑하는 범선 커티 삭. 안타깝게도 2007년 5월 화재로 크게 훼손되어, 복구하는 데 많은 시간이 걸릴 것이라고 한다.

임스 쿡을 비롯한 탐험가들의 일대기에 관한 내용이 전시되어 있었다.

이런 전시관들 중에서 가장 인기 있는 곳은 1995년 트라팔가 해전 승리 190주년을 맞이하여 설립한 넬슨 전시관. 넬슨이 남긴 물건과 기념물, 관련 기록 등 그에 대한 수많은 전시물을 볼 수 있었다. 넬슨은 영국 국민들에게 절대적 지지를 받은 영국 함대의 지휘자였으며, 트라팔가 해전에서 승리해 나폴레옹의 기세를 꺾은 바 있다. 그의 인기를 증명이라도 하듯 런던 중심가의 트라팔가 광장 중심에는 넬슨의 동상이 높다랗게 서 있다.

넬슨은 영국의 이순신이라 할 만하다. 이순신 장군이 노량 해전을 승리로 이끌고 왜군이 쏜 탄환에 맞아 전사했듯이, 넬슨은 트라팔가 해전을 승리로 이끌었지만 그곳에서 총에 맞아 전사했다. 뛰어난 전술가이면서 국민들에게 존경받은 장군이라는 점, 그리고 마지막 승리를 죽음으로 맞이한 것까지 닮은 점이 많다.

국립 해양 박물관을 상징하는 대표적인 것이라면 단연 커다란 범선 '커티 삭'이라고 할 수 있다. 1870년대 세계의 바다를 누비며 중국에서 차를 운반하고 호주에서 양털을 운반하던 무역선 커티 삭이 그리니치 템스 강변에 안치되어 있었다. 커티 삭Cutty Sark은 스코틀랜드 시인 로버트 번스에 나오는 시의 구절로, 마녀의 '짧은 속치마'를 뜻한다. 당시 이 배가 마치 마녀처럼 빠르게 이동해 붙은 이름이란다. 증기선의 대중화에 밀려 현역을 떠난 뒤 1950년대 초부터 이곳에서 박물관으로 관광객들을 맞이해 왔다. 그런데 안타깝게도 커티 삭이 지난 5월 불에 타 크게 훼손되었다는 소식을 들었다. 수많은 관광객들의 사랑을 받아 온 커티 삭, 언제쯤 다시 볼 수 있을까? 변1생

Woolsthorpe Manor

8 위대함이 태어난 소박한 자리
뉴턴 생가

::관련 단원
중학교 과학 1 힘 | 중학교 과학 1 빛
중학교 과학 2 여러 가지 운동 | 고등학교 과학 힘과 에너지
고등학교 물리 1 힘과 에너지 | 고등학교 물리 2 운동과 에너지

그랜덤행 기차 안에서

사과처럼 역사에 자주 등장하는 과일이 있을까? 자신의 관심 분야에 따라 떠올리는 '사과'도 다를 것 같다. 신학자들은 아담과 이브의 사과를 떠올리고, 교육자들은 스피노자가 말한 "비록 내일 지구의 종말이 온다 해도 나는 오늘 한 그루의 사과나무를 심겠다."를 떠올리고, 역사가들은 윌리엄 텔의 사과나 트로이를 전쟁으로 빠뜨린 파리스의 황금 사과를 떠올리지 않을까? 하지만 과학자들은 무엇보다 뉴턴의 사과를 먼저 떠올릴 것이다.

초등학교에 입학한 이래 과학 시간이면 빠짐없이 등장했던 뉴턴! 과학 교사로서 수업 시간에 가장 많이 인용하는 뉴턴. 드디어 근대 과학의 아버지라 불리는 뉴턴이 태어나고 자란 집을 찾아가게 되었다.

뉴턴의 생가는 런던에서 북동쪽으로 150킬로미터 정도 떨어진 곳에 있는 그랜덤에서 다시 남쪽으로 10킬로미터가량 떨어진 울스소프에 자리 잡고 있다. 런던 킹스 크로스 역에서 그랜덤까지 가는 기차 표는 영국에 가기 전 한국에서 예약을 해 둔 터였다.

우리는 인류의 위대한 지성이 탄생한 곳을 만난다는 설렘을 안고 그랜덤행 기차에 올랐다. 기차에서 우리 자리를 찾아갔는데, 어라, 웬 흑인 아저씨 세 사람이 나란히 앉아 있는 게 아닌가? 기차 표를 다시 확인하고는 비켜 달라고 했더니 자기들이 먼저 앉았으니 우리더러 다른 곳에 가서 앉으라고 하는 것이었다. 그 사람들이 갖고 있는 표를 보니 정해진 자리가 없는 자유석 표였다.

"이 자리는 자유석이 아니라 지정석이거든요. 그러니 비켜 주세요."

"우리가 먼저 앉았으니 여기는 우리 자리요!"

이런 황당한 일이 있나.

'이 사람들이 우리가 하는 말을 못 알아듣는 척하면서 버티기로 작정한 건가, 아니면 정말로 무식한 건가?'

온갖 생각으로 머릿속이 복잡해지던 순간, 고등학생쯤으로 보이는 한 여학생이 말을 건넸다.

"두 분 모두 표를 보여 주시겠어요?"

우리 일행과 흑인들이 각자 표를 보여 주자, 여학생은 우리 자리라고

킹스 크로스 역에서 그랜덤으로 가는 기차

말해 주었다. 그제서야 흑인들은 슬그머니 꼬리를 내리더니 다른 칸으로 가 버렸다.

약간의 소동이 있긴 했지만 뉴턴을 향한(?) 기대감을 가라앉히지는 못했다. 기차는 어느덧 런던을 벗어나 조용한 시골길을 달리고 있었다. 창밖으로 스치는 풍경이 매우 평화로워 보였다.

300년 전의 시간 속으로

1시간 정도 기차가 달려 도착한 그랜덤 역은 마치 우리나라의 어느 간이역처럼 호젓했다. 역에서 뉴턴 생가까지는 걷기에는 멀지만, 또 다른 교통편이 있는 것이 아니어서 택시를 탔다.

"울스소프 매너, 뉴턴이 태어난 곳으로 가 주세요."

"아, 그곳. 잘 알지요. 좋은 곳에 가는군요."

택시 기사의 목소리에서 자부심 같은 것이 느껴졌다. 돌아가는 기차 시간에 맞추어 다시 와 달라는 예약을 하고는, 20분 정도 달려 뉴턴의 생가 앞에서 내렸다.

위대한 과학자가 태어나고 자랐으며, 과학 혁명이라 일컬어질 만큼 획기적인 발상을 떠올린 장소는 참으로 조용하고 한적한 시골 마을이었다. 주위에는 낮은 산과 푸른 나무들만이 집을 지키고 있었다. 고즈넉한 분위기 덕분에 300년 전 뉴턴이 살던 시대로 되돌아간 듯한 느낌마

저 들었다. 생가의 입구에 붙어 있는, '뉴턴이 태어난 곳'이라고 적힌 작은 팻말만이 현재를 일깨워 주고 있었다.

작은 뜰을 지나 매표소에 들어서자 할머니 한 분이 입장권과 기념품을 팔고 있었다. 입장권을 구입하자 할머니는 정원의 이곳저곳에 대해 설명하면서, 집 밖에서는 자유롭게 사진을 찍을 수 있지만 실내에서는 찍어선 안 된다고 말해 주었다.

매표소를 지나니 뉴턴의 집이 눈에 들어왔다. 집 옆에는 그 유명한 사과나무가 자리를 잡고 있었다. 발길이 자연스럽게 사과나무로 향했다. 축 늘어진 가지에서 세월의 흐름이 느껴졌다. 하지만 이 나무는 뉴턴이 살던 당시의 사과나무는 아니고, 그 나무를 몇 차례 꺾꽂이한 후손이라고 한다. 사과나무는 긴 가지를 바닥으로 늘어뜨리고 있어, 뉴턴

1 뉴턴 생가 입구의 표지판. 울스소프 매너(Woolsthorpe Manor)가 바로 뉴턴 생가이다. 2 뉴턴의 집 옆에 자리한 사과나무. 뉴턴이 살았던 당시 사과나무의 후손이다.

이 했듯 그 밑에 앉아서 사색에 잠겨 볼 수는 없었다. 이곳 사과나무 아래에 앉아서 뉴턴처럼 위대한 영감을 떠올려 보고 싶었는데 말이다. 물론 사과나무 아래에 앉는다고 해서 누구나 위대한 영감이 떠오르지는 않겠지만!

　민규한테는 나중에 수업 시간에 뉴턴의 사과나무가 나오면 꼭 가져가 보여 주라고 하면서 함께 기념 촬영을 했다. 이샘은 사과나무의 전체 모습을 담으려고 나무 주위를 빙 돌면서 동영상을 찍었다. 역시 과학자들은 뉴턴의 사과나무에 감동을 한다.

우리나라에도 뉴턴의 사과나무가 있다!

뉴턴이 만유인력을 발견하는 데 영감을 주었던 사과나무의 자손은 우리나라에도 있다. 한국 표준과학연구원의 마당에 있는 사과나무가 바로 그것. 이 나무는 오리지널 뉴턴 사과나무의 4대손이다. 뉴턴이 1665년 만유인력을 발견한 계기가 된 사과나무는 1814년에 죽고 말았지만 다행히 몇 그루의 사과나무가 접목되었다. 이 접목된 나무들에서 다시 접목된 사과나무 중 몇 그루가 1943년 영국의 큐(Kew) 가든에 이식되었고, 한국 표준과학연구원에 있는 사과나무는 바로 큐 가든의 사과나무를 접목한 것이다.

뉴턴의 흔적이 남아 있는 방

1642년 크리스마스에 뉴턴은 이 집에서 태어났다. 뉴턴이 태어나던 당시, 영국은 내전으로 많은 혼란을 겪었다. 하지만 그가 태어난 링컨셔는 지금과 다를 바 없이 조용한 시골이었다. 아버지는 뉴턴이 태어나기 6개월 전에 세상을 떠났고, 그는 미숙아로 태어나 목을 가누기까지도 꽤 오랜 시일이 걸렸다. 어머니를 비롯한 가족들은 뉴턴이 살아남기 힘들 것이라 생각했다. 하지만 뉴턴은 잘 자랐다.

뉴턴이 4살 나던 해, 그러니까 어머니의 사랑을 제법 느낄 만한 나이가 되었을 무렵, 어머니가 재혼을 하는 바람에 그는 이 집을 떠나 외가로 가야 했다. 외할아버지와 외할머니의 보살핌 속에서 자라는 동안 친한 친구 한 명 없이 외톨이로 지내기는 했으나, 다행히 교육은 받을 수 있었다. 뉴턴이 다시 이 집으로 온 것은 10살 때였다. 그리고 12살이 되던 해, 그랜덤에 있는 공립 중학교에 입학하면서 다시 집을 떠났다.

　뉴턴은 학교에서 모범생이었으며, 무엇보다 모형을 만드는 데 뛰어난 재능을 보였다. 움직이는 풍차의 모형을 만들기도 하고, 밤에 종이 등을 달고 하늘을 나는 연을 만들기도 했다.

　그가 생활했던 방 안 곳곳에 풍차를 비롯한 갖가지 모양의 낙서가 남아 있었다. '위대한 과학자도 어린 시절에는 장난꾸러기였구나.' 하는 생각이 들자 친근감이 느껴졌다.

　한편, 뉴턴의 어머니는 나이가 들면 뉴턴에게 농장을 물려주겠다는 생각을 가지고 있었다. 18살 때 뉴턴은 토지를 관리하는 방법을 배우기

뉴턴의 집 뒤로 보이는 풀밭

위해 학교를 그만두었다. 그러나 그 결과는 매우 좋지 않았다. 가축들보다는 책에 관심이 많아 들판에 나갈 때마다 책을 들고 나가서 읽는 바람에, 자기 집 가축들이 이웃 곡식에 해를 입히는 것을 막지 못해 여러 차례 벌금을 물어야만 했다.

'저 뜰에서 가축을 키웠을까?'

집 뒤쪽으로 난 창문 밖으로 풀밭을 내다보면서, 가축들이 마구 뛰어노는데 책 읽는 데만 집중하고 있는 뉴턴의 모습을 그려 보았다.

케임브리지 대학 출신인 외삼촌은 뉴턴의 어머니에게 그가 원하는 것을 할 수 있도록 대학에 보내라고 권유했다. 뉴턴은 다시 이 집을 떠나 케임브리지 대학에 입학하기 위한 준비를 한 끝에, 20살에 트리니티 칼리지에 입학했다.

24살에 트리니티 칼리지에서 학위를 받은 뉴턴은 연구원으로 남아 있다가, 케임브리지에 흑사병이 번지자 울스소프로 돌아왔다. 그 후 18개월 동안 뉴턴의 인생에서뿐만 아니라 과학의 역사에서도 가장 위대하고 창조적인 작업이 이 집에서 이루어졌다.

뉴턴은 햇빛을 프리즘으로 분해하였고, 중력 이론을 발견하였다. 그리고 운동의 법칙을 정의했으며, 수학의 혁명을 일으킨 미적분학의 원리를 발견하였다. 또 그가 만든 뉴턴식 반사 망원경의 기초가 되는 많은 작업과《프린키피아》의 내용 구상이 이 시기에 이루어졌다.

'이 집 어디에서 그런 아이디어를 얻고 실험을 했을까? 창문으로 들어온 저 햇살이 뉴턴이 설치한 프리즘을 통과해 이곳에 무지개가 생겼

겠지.'

이런 생각을 하면서 흔적을 찾아보았다. 마침 프리즘을 설치해 놓고 빛이 무지개 색깔로 퍼지게 한 뉴턴의 실험이 재현되어 있었다.

방에는 우리 말고도 두 명의 영국 사람과 안내하는 할아버지가 있었다. 안내하는 할아버지가 우리에게 어디에서 왔는지 물었다. 한국에서 왔다고 했더니, 한국에서도 뉴턴이 유명하냐고 묻는 것이었다.

"네, 초등학교 때부터 뉴턴을 배우지요."

역시 자부심이 역력한 표정. 몇 개의 방마다 안내하는 할아버지들이 있었고, 2층의 방에는 아주 간단한 놀이 기구도 있었다. 간단한 퀴즈 게임과, 적절한 힘으로 공을 굴려 정해진 지점 가까이로 보내는 사람이 이기는 놀이 기구였다. 뉴턴과는 직접 관련이 없지만, 영국의 시골 아이들이 즐겨 하는 전통 놀이 같았다.

집 안은 당시의 모습이 잘 보존되어 있었다. 가구나 사용하던 도구들도 그대로 있었으며, 유리 칸막이 같은 것을 설치하지 않고 원래의 모습 그대로 놓아두었다. 전시실이라기보다 지금도 뉴턴이 살고 있는 듯한 느낌이 들 정도였다.

1727년 3월 뉴턴이 세상을 떠나고 5년이 지난 후 이 집은 다른 사람에게 팔리고 말았다. 1942년까지는 소작농이 살았는데, 왕립 학회에서 곧 집을 구입한 뒤 뉴턴을 영원히 기념하기 위해 내셔널 트러스트The National Trust에 넘겨주었다. 지금은 내셔널 트러스트에서 이 집을 관리하고 있다.

내셔널 트러스트

내셔널 트러스트는 시민들의 자발적인 모금과 기부를 통해 보존 가치가 있는 자연 자원과 문화 자산을 확보하여 시민 주도로 영구히 보전하고 관리하자는 시민 환경 운동으로, 1895년 영국에서 시작되었다.

1800년대 후반 영국의 오래된 기념물과 자연 환경이 산업 혁명으로 파괴되고 훼손되는 것을 본 이 운동의 창시자는 보호해야 할 대상을 직접 소유함으로써 법률의 결함과 맞서 싸웠다. 1907년에는 내셔널 트러스트 법을 만들어 단체의 기초를 확립하였다. 이 법에서는 '아름답고 역사적으로 중요한 토지와 건물은 영구히 보존해야 하고 취득한 대상물은 양도가 불가능하다.'라고 규정하였다.

우리나라에서도 1990년대 초반에 내셔널 트러스트 방식을 이용한 환경 운동이 시작되었다. 15년 정도의 역사를 가진 '무등산 공유화 운동'이 벌어지고 있는 광주 무등산을 포함하여, 전국적으로 20여 곳에서 내셔널 트러스트 보존 활동을 벌이고 있다.

헛간에 차려진 작은 과학관

집을 나와 둘레를 한 바퀴 돌아보았다. 뒤쪽으로는 풀밭이 있고, 그곳에 양 두어 마리가 한가롭게 풀을 뜯고 있었다. 조금 걸어서 아래쪽으로 내려가자 '뉴턴 과학 발견 센터 Newton Science Discovery Centre'라는 팻말이 붙은 곳이 보였다. 안내도를 보니 원래는 헛간이었던 곳을 과학관으로 개조하였다고 되어 있었다. 입구에는 아흔 살이 넘어 보이는 할아버지가 의자에 앉아 안내를 하고 있었다. 거동은 불편해 보였지만 자신의 역할을 충실히 해내는 모습이 참 인상적이었다.

이 센터는 뉴턴이 천문학과 수학, 광학, 힘과 운동 영역에서 이룬 뛰어난 업적을 알리기 위해 2000년 7월에 문을 열었다. 교실 한 칸 크기의 공간에는 아기자기하면서도 참신한 장치들이 많이 있었다. 직접 해 볼 수 있도록 만들어진 장치들은 모두 뉴턴이 발견한 업적과 관련된 것들이었다.

안으로 들어가자 내셔널 트러스트 소속의 할아버지, 할머니 자원 봉사자들이 아이들에게 실험 방법을 설명하며 시범을 보이고 있었다. 우리는 이 방에서도 사진을 찍을 수 없을 것이라 생각했다. 그래서 안내하

헛간에 차려진 과학관 입구. 규모는 작지만 어느 곳 못지않게 알찬 전시를 하고 있다.

는 할아버지께 사진을 찍어도 되는지 조심스레 물어보았다. 할아버지는 "Sure."라고 흔쾌히 대답해 주었다.

우리를 제외하고는 많은 관람객들이 손자, 손녀의 손을 잡고 온 할아버지, 할머니였다. 방학이라 함께 온 것 같았다. 놀랍게도 할아버지나 할머니들끼리만 와서 실험을 하며 얘기를 나누는 모습도 보였다.

'저 연세에도 과학 실험에 흥미를 느끼다니……. 놀라운걸.'

이샘과 민규, 나도 실험을 하나하나 다 해 보았다. 작으면서도 알찬 과학관이라는 느낌이 새삼 들었다.

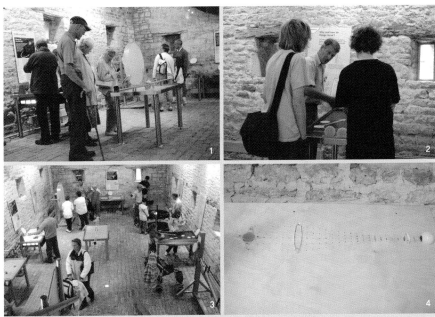

1 빗면에 굴러 내려가는 공을 보며 토론하는 노인들 2 학생들에게 실험의 원리를 설명해 주는 자원 봉사자 할아버지 3 2층에서 내려다본 과학관 4 먼 곳에 있는 별빛을 확대해 보는 뉴턴식 망원경의 원리를 설명하는 장치

과학 성지를 지켜 내는 조용한 힘

작은 과학관을 끝으로 뉴턴의 집을 나섰다. 밖에는 비가 내리고 있었고 날씨는 초겨울처럼 추웠다. 하지만 예약 시각에 정확히 맞추어 택시가 도착해, 그다지 추위를 느끼지 않고 역으로 돌아올 수 있었다. 돌아오는 길에 여러 가지 생각이 들었다.

뉴턴은 지적으로 내세울 것이 전혀 없는 한가로운 농촌 출신으로서 어떻게 과학사에 길이 남을 위대한 법칙을 발견했을까? 만유인력의 법칙으로 우주의 질서를 설명하였고, 운동에 대한 세 가지 법칙으로 지상에서 일어나는 모든 운동을 풀이했으며, 빛의 본성에 대해서도 당시의 과학자로서는 둘도 없이 뛰어난 연구 성과를 낸 뉴턴. 하지만 운동의 법칙과 빛에 대한 연구와 관련된 훅과의 논쟁, 미적분의 발견과 관련된 라이프니츠와의 우선권 다툼으로 상처를 받아 말년에는 사람을 피하고 연금술에 빠지고 말았다. 그래서 많은 사람들은 뉴턴을 '마지막 연금술사'라고 부르기도 한다.

손 꼭 잡고 도는 거야!
알았어, 형!
나는 좀 놔주지…

그러나 뉴턴 이후 우주에서 인간의 지위에 대한 인식에 변화가 일어났고, 무한히 넓은 우주와 시간 개념에 대한 깨달음은 점차 커졌다. 또 과학계 전체가 뉴턴이 물리학을 부호화했던 방식을 택하게 되었고, 우주의 질서정연한 본성을 펼쳐 보이게 되었다.

　이처럼 위대한 과학자가 태어나고 자랐으며 혁명적인 과학적 발상을 완성한 집. 하지만 참 소박하고 깔끔하게 보존되어 있고, 찾는 사람도 연간 1만 9000명 정도로 많지도 않은 곳. 떠들썩하게 알려서 관광객의 수를 늘리려 하기보다는 조용히 원래 모습 그대로 보존하는 모습. 단체 관람으로 휙 보고 지나가는 자리가 아니라 꼭 보고자 하는 사람만 방문해서 뉴턴 시절의 향수에도 젖어 보고 과학적인 토론도 하는 공간. 빠르게 진화해 가는 현대 과학 기술 사회에서 그 과학 기술의 출발점이 된 성지는 그렇게 조용히 지켜지고 있었다. 할머니, 할아버지가 지켜 온 것처럼 손을 잡고 온 손자, 손녀들도 그 모습 그대로 지켜 나가리라. 김샘

뉴턴 생가 찾아가기

홈페이지 ▶ www.nationaltrust.org.uk/main/w-vh/w-visits/w-findaplace/
w-woolsthorpemanor.htm

주　　소 ▶ 23 Newton Way, Woolsthorpe-by-Colsterworth, nr Grantham, Lincolnshire
NG33 5NR

교 통 편 ▶ 런던 King's Cross 역 → Grantham(50분 소요) → Woolsthorpe(택시 20분 소요)

개관 시간 ▶ 개방일이 많지 않으므로 홈페이지에서 미리 확인하는 것이 좋다.

날짜	개방 요일	시간
3월 3일~3월 25일	토, 일요일	13:00~17:00
3월 28일~9월 7일	수~일요일	13:00~17:00
10월 6일~10월 28일	토, 일요일	13:00~17:00

뒤집어진 집?

생물학에서 가장 위대한 과학자를 꼽으라면 누구를 들 수 있을까? 물리를 전공한 나(이샘)에게 물리학자 중에서 고르라면 주저 없이 뉴턴과 아인슈타인을 말할 수 있다. 화학을 전공한 한샘은 화학자 중에서는 돌턴과 라부아지에를 들었다. 우리 일행 중에는 생물을 전공한 사람이 없었는데, 그래도 가장 위대한 생물학자를 정하는 것은 어렵지 않았다. 바로 다윈이었다.

과학 교과서에서는 자연선택설을 설명하면서 다윈을 진화론자로 이야기하고 있다. 오늘날의 생물들은 오랜 시간을 거치며 형태가 변해서 만들어진 것이라는 진화론. 다윈은 어떻게 해서 진화에 대한 생각을 품게 되었을까? 이 질문에 대한 답을 찾기 위해 그가 진화에 대한 이론을 집대성한 《종의 기원》을 집필한 장소이자 죽기 전까지 40년가량을 살았던 다운 하우스를 방문하였다.

다운 하우스는 런던에서 기차로 30~40분 정도 걸리는 켄트라는 한적한 시골 마을에 있었다. 기차역에서 택시를 타고 찾아가는데, 주위에 집 한 채 보기 어려운 시골길은 낯설면서도 신선한 느낌을 주었다. 입구에서 바라본 다운 하우스는 마치 외딴 시골에 있는 별장 같았다. '다운Down' 하우스라고 하면 "뒤집어진 집인가?" 하고 생각할 사람도 있을지 모르겠다. 하지만 여기서 다운은 켄트에 속한 마을 이름에서 왔다는 사실을 알아 두자. (다윈이 살던 당시엔 마을 이름이 Down이었으나, 나중에 지금과 같은 Downe으로 철자가 바뀌었다고 한다.)

그런데 왜 다윈은 젊은 나이에 이런 시골로 들어와 살았을까? 다윈은 런던과 같은 대도시에서의 생활에 잘 적응하지 못했다고 한다. 그래서 33살의 젊은 나이에 다운 하우스로 들어와서 평생 동안 조용히 연구만 하면서 지냈다.

질문 또 하나. 대부분의 과학자들은 대학에서 교수직을 하면서 생계를 유지했는데, 다윈은 어떻게 직업도 없는 상태로 이렇게 넓고 좋은 집에서 살 수 있었을까?

생식에 대한 연수를 받고 있는 영국의 과학 선생님. 다운 하우스에서는 과학 교육이 다양한 주제와 형태로 이루어지고 있다.

이에 대한 대답은 간단했다. 그의 아버지와 할아버지는 유명한 의사로 상당한 부자였으며, 다윈의 어머니는 도자기와 주방 용품으로 유명한 웨지우드 가문 출신이었다. 다윈은 많은 재산을 상속받았기 때문에 굳이 직업을 가질 필요가 없었던 것이다.

다운 하우스는 유네스코가 지정한 세계 문화유산으로, 다윈의 서재는 물론 실내와 정원 곳곳을 그가 살았던 시대와 흡사하게 꾸며 놓았다. 그리고 단순히 관람객의 전시장으로서만이 아니라 생물학과 관련된 다양한 과학 교육의 장으로 활용하고 있었다. 이번에 방문했을 때에도 과학 선생님을 대상으로 한 연수가 진행되는 것을 볼 수 있었다.

자연에 심취했던 소년

생명의 근원은 무엇일까? 지구에 살고 있는 생물들은 어떻게 만들어진 것일까? 오래전부터 인간은 이 답을 찾기 위해서 많은 노력을 하였지만, 그 연구가 활발하게 진행되지는 못했다. 이 문제에 대해 과학적인 답을 제시한 사람이 바로 다윈이었다.

다윈은 어렸을 때 두각을 나타내지는 못했다. 오히려 무엇을 배우는 속도도 더뎠고, 말썽꾸러기였으며, 학교에서 가르치는 과목에는 그다지 흥미가 없어 선생님들도 별다른 관심을 두지 않았다고 한다.

그런 그가 또래 아이들보다 더 열심인 부분이 하나 있었다. 바로 자

다운 하우스 3층에서 바라본 정원. 다윈이 살던 당시 모습대로 재현, 보존되어 있다.

연 속을 돌아다니면서 관찰하고 수집하는 일. 의사가 되려고 의학 공부를 시작했을 때에도 수술보다 조개류를 비롯한 동물에 대한 연구에 더 열중했다. 사냥에 심취해 있을 때도 자신이 관찰한 새에 관해 꼬박꼬박 일기를 썼다.

　다윈의 이러한 능력은 점차 인정을 받았고, 마침내 인생을 송두리째 바꾸어 놓을 기회를 잡았다. 바로 비글호를 타고 세계를 항해한 것이다. 비글호는 남아메리카와 태평양의 섬들을 조사하여 경도를 알아내기 위한 시간 측정 장치크로노미터의 관측점을 만드는 주된 목적을 띠고 있었다. 영국 해군은 비글호의 탐사에 함께할 박물학자를 구하고 있었고, 그 자리를 다윈이 차지한 것이다.

정원에서 찾은 다양한 열매들. 다윈은 이런 식물들을 관찰하면서 생명 진화와 발생에 대해 연구하였다.

비글호를 타고 다니면서 그가 관찰하고 기록한 모든 내용은 평생 동안 연구할 만한 가치가 있는 것들이었다. 그중에서도 가장 중요한 것은 그가 갈라파고스 제도에서 관찰한 것을 토대로 생명의 진화를 생각해 냈다는 것이다.

부잣집에서 태어나 사냥을 즐기던 모습, 그리고 30대 초반 시골 마을에 들어가 여유롭게 살았던 그를 생각하면 5년에 걸친 그 힘든 항해를 무사히 마쳤다는 사실이 상상하기 힘들다. 그 자신도 "비글호를 타고 돌아다닌 여행은 내 인생에서 가장 중요한 사건으로, 인생 전체의 항로를 결정지었다."라고 말했다.

만약 내가 다윈보다 먼저 태어나 갈라파고스 제도에 갔다면 진화의

원리를 알아낼 수 있었을까? 다윈이 진화의 이론을 세울 수 있었던 것은 단지 그곳에 갔기 때문이 아니다. 자연에 대한 남다른 애착, 사려 깊은 관찰과 통찰력이 그만의 생각을 만들어 낸 것이다. 평소 여러 동식물들을 관찰하면서 진화론의 토대를 쌓아 갔을 그의 모습을 떠올려 본다.

다운 하우스에는 다윈이 살던 당시 만든 정원이 그대로 재현되어 있었다. 푸른 잔디가 깔린 정원에서 다양한 꽃과 열매를 볼 수 있었다. 우리나라는 4계절이 뚜렷하여 일부 식물을 제외하면 꽃을 볼 수 있는 시기가 봄과 여름에 한정되어 있지만, 영국에서는 사시사철 꽃과 열매를 볼 수 있어서 식물에 대한 공부를 하기에 보다 유리한 자연 환경을 갖추고 있다.

정원에 있는 꽃이나 열매들은 다른 곳에서도 흔히 볼 수 있는 것이었지만, 다윈이 이것들을 보면서 생명체가 어떻게 발생하고 진화하였는지에 대해 고민했다는 생각을 하니 작은 솔방울 하나까지도 새롭게 다가왔다.

'이 솔방울은 어떻게 만들어진 것일까? 왜 어느 열매하고 다른 모양으로 진화하였을까? 이 꽃은 다윈이 말했듯 곤충이 내려앉기에 알맞은 모양으로 진화한 것이겠구나.'

다윈이 사색에 잠겨 거닐었을 정원 길을 따라 걸으면서, 나도 생명의 근원에 대해 생각해 보았다.

《종의 기원》이 나오기까지

다윈은 갈라파고스 제도에서 참새과에 속하는 '핀치'라는 새에 특히 관심을 가졌다. 그는 같은 핀치 중에서도 깃털과 부리 등의 모양이 다른 것이 있다는 사실을 알아냈고, 부리의 모양이 다른 이유는 먹이 때문이라고 생각했다. 즉 곤충을 먹느냐, 식물을 먹느냐에 따라서 부리의 모양이 다른 것이다. 만약 이런 모양을 그냥 관찰하고 구별하는 데에 그쳤다면 다윈은 단순한 생물학자로 머물렀을 것이다. 그러나 그는 항해하는 동안 경험한 것들을 토대로 왜 그런 변이가 생겼는지를 진지하게 탐색했다.

다운 하우스에 돌아온 다윈은 오랜 시간에 걸쳐 이 문제에 대하여 고민하였다. 왜 다른 모양의 핀치가 생겨난 것일까? 신이 세계를 창조한 최초의 날, 13종의 핀치가 동시에 만들어졌다고 생각하는 것은 무리였다. 처음 갈라파고스 제도에 도착한 핀치들은 시간이 지남에 따라 각 섬으로 흩어져 살게 되었고, 그 후손들이 각자 환경과 생활 양식에 가장 적합한 특성을 지닌 독특한 종으로 변해 갔다는 것이 가장 타당한 추론이었다.

다윈의 서재

즉 다양한 핀치가 생겨났고, 그중에서 힘이 약하거나 먹이를 발견하는 데 능숙하지 않은 핀치는 굶어 죽었으며, 크고 단단한 씨앗이 많은 곳에서는 이것을 먹을 수 있는 부리를 가진 핀치가 잘 적응하여 살아가게 된다는 적자생존의 원칙을 이끌어 낸 것이다. 바로 이것이 교과서에 나오는 다윈 진화론의 핵심이다.

다운 하우스 1층에서는 다윈과 그의 가족들이 생활하던 당시의 모습을 볼 수 있었다. 다윈이 《종의 기원》을 집필하던 서재도 그대로 재현되어 있었다. 책상 위는 마치 책을 쓰다가 잠시 자리를 비운 양 흐트러져

갈라파고스 제도는 어떤 곳?

영국 BBC 방송은 '죽기 전에 가 보아야 할 50곳'을 선정하면서 33번째로 갈라파고스 제도를 꼽았다.

갈라파고스 제도는 남아메리카의 에콰도르에서 서쪽으로 약 960킬로미터 떨어진 적도상에 위치한 17개의 화산섬으로, 총 면적은 제주도의 4배가 넘는다. 스페인 어로 바다거북을 뜻하는 섬 이름처럼 갈라파고스는 수많은 바다거북을 비롯한 파충류와 조류의 천국으로 알려져 있다. 지구 생태계의 보고라고 불리면서도 현재 2만 명이 넘는 사람들이 살고 있으며, 매년 수십만 명이 찾아오는 테마 공원이기도 하다. 물론 현재까지는 보호 구역으로 지정되어 섬 전체가 개발되는 것을 막고 있다. 우리나라에서 이곳에 가기 위해서는 미국을 거쳐 에콰도르까지 간 다음 그곳 여행사를 통해서 들어가야 하기 때문에 비용도 시간도 만만치 않게 든다.

있었다. 2층에는 다윈의 삶과 업적에 관련된 전시물들이 있었다.

진화론, 뜨거운 감자

《종의 기원》은 19세기의 과학계를 뜨겁게 달구었다. 책이 나오자마자 매진된 것은 물론, 신학자를 비롯한 많은 사람들에게서 거센 비판의 목소리가 쏟아졌다.

이런 점에서 다윈이 다운 하우스에 거처를 마련한 것은 현명한 선택이었다. 그는 이곳에서 지병을 치료하면서 비판과 논쟁에 끼어들지 않았고, 대신 그의 절친한 친구이자 열렬한 지지자였던 토머스 헉슬리가

논쟁을 벌였다.

진화론에 대한 논쟁 가운데 가장 유명하면서도 과학사적으로 손꼽히는 것은 1860년 옥스퍼드에서 벌어진 논쟁이다. 옥스퍼드 자연사 박물관에 다윈에 대한 자료가 많이 전시되어 있는 까닭도 바로 옥스퍼드가 진화론의 등장에 크게 기여한 곳이기 때문이다.

옥스퍼드에서의 논쟁에서 진화론의 반대파인 윌버포스 주교는 헉슬리에게 "원숭이가 인간의 자손이라면 당신은 할머니 쪽이 원숭이인가요, 아니면 할아버지 쪽이 원숭이인가요?"라고 조롱 섞인 질문을 던졌다. 그러자 헉슬리는 다윈의 이론을 간단하게 설명하면서 다음과 같은 말로 마무리했다.

"나는 겸허한 탐구자의 명예를 더럽히고 조롱하는 데 자신의 위대한 재능을 사용하는 '인간'이 되느니 차라리 '비천한 원숭이'의 후예가 되겠습니다."

이 논쟁의 여파로 진화론은 유럽 전역으로 퍼져 나갔다. 그렇지만 대부분의 과학자와 신학자들은 진화론을 반대하였다. 당시 영국에서 가장 유명한 과학자였던 톰슨과 패러데이, 맥스웰 등은 단호하게 진화론을 배척하였으며, 영국 과학자 협회 소속의 과학자 617명은 '반反진화론 선언'을 발표하기도 하였다.

진화론이 과학의 큰 줄기로 자리 잡은 20세기에 들어서도 진화론은 가장 격렬한 논쟁의 대상이었다. 1925년 미국 테네시 주에서는 다윈의 진화론을 가르쳤다는 이유로 고등학교 교사가 고소를 당해 재판에서 유죄를 선고받았다. 1968년 미국 대법원이 반진화론법의 위헌 판결을 내린 이후에도 계속해서 창조론만을 가르치는 주가 있었을 뿐만 아니라, 1990년대 말 과학 교육 개혁이 이루어질 때까지도 진화론과 창조론은 대혈투를 벌여 왔다. 물론 지금은 진화론을 가르치지 못하게 하는 법은 남아 있지 않다.

세계에서 가장 유명한 거북

유럽 사람들이 갈라파고스 일대로 온 것은 바로 고래를 잡기 위해서였다. 오랫동안 바다에 머물면서 비스킷이나 소금에 절인 돼지고기밖에 먹을 게 없던 그들의 눈에 커다란 바다거북이 눈에 띄었다. 무게가 200~300킬로그램이나 나가는 이 바다거북들은 물이나 먹이를 주지 않아도 1년 동안 살 수 있었기 때문에 배 안에서 키워 필요할 때마다 잡아먹곤 했다. 그 결과, 19세기 초 갈라파고스 일대에 수십만 마리나 살았던 바다거북이 오늘날에는 2만여 마리밖에 남아 있지 않다.

다윈 역시 갈라파고스 제도에서 이 거북에 주목했다. 등딱지 길이가 1미터가 넘는 커다란 거북이 선인장 같은 식물을 먹고, 등에 올라타도 별로 개의치 않았으니 말이다. 그는 커다란 바다거북 세 마리를 비글호에 싣고 영국으로 갔다. 그중 한 마리를 탐험대의 함장에게 선물로 주었는데, 그가 호주로 부임하면서 그것을 가지고 갔다. 이 거북은 2006년 6월까지 무려 175년 동안 살면서 세계에서 가장 유명한 거북이 되었다. 재미있는 것은 이 거북의 이름이 해리엇인데, 100여 년 동안은 해리로 불렸다는 사실이다. 처음에는 수컷인 줄 알았기 때문인데, 유전자 검사를 통해 암컷으로 밝혀졌다고 한다.

갈라파고스의 거대한 바다거북

다윈의 발자취를 따라

　자신의 이론이 많은 이들의 논란거리가 되었지만, 다윈은 이에 굴하지 않고 다운 하우스에서 평생 동안 머물며 다양한 연구를 하였다.

　그중 하나가 새의 배설물에 관한 연구였다. 마침 다운 하우스의 정원을 빠져나오다가 어느 동물의 배설물을 발견하였다. 다른 곳에서였다면 그냥 지나쳤겠지만, 다윈의 연구를 떠올리자 예사롭게 보이지 않았다. 나뭇가지로 파헤쳐 보았더니, 어떤 식물의 것인지는 모르지만 씨앗이 들어 있었다.

　비록 배설물에 불과하지만 다윈에게는 어떤 식물이 근처에 있는지, 또 동물을 통해서 씨앗이 어떻게 퍼져 나가는지를 알 수 있는 자료가 되었다. 이런 작은 발견이 과학 연구의 시작이자 다윈이 연구한 방식이라고 생각하니, 더러운 배설물이 오히려 친근하게 느껴졌다.

다운 하우스에서 발견한 어느 동물의 배설물

다운 하우스 외에도 런던 자연사 박물관, 케임브리지, 옥스퍼드 등 많은 곳에서 다윈에 관한 자료를 만날 수 있다. 특히 런던 자연사 박물관에서는 다윈 센터에 있는 다양한 표본들을 보면서 생명의 진화 과정을 살펴볼 수 있었다. 다윈이 비글호를 타고 항해하면서 수집한 수집품들도 있었다. 아쉽게도 지금은 2009년 재개장을 목표로 '자연사 박물관 2차 개혁'이 진행 중이라 들어가 볼 수는 없다. 영국 케임브리지 대학도 다윈 탄생 200주년을 맞는 2009년까지 다윈의 작품과 업적을 인터넷www.darwin-online.org.uk에 올리는 프로젝트를 하고 있다. 이곳에서《종의 기원》원본도 볼 수 있다.

우리의 '다윈 찾기' 여정이 마침표를 찍은 곳은 웨스트민스터 대성당이었다. 뉴턴의 무덤 바로 옆에서 다윈의 무덤을 찾을 수 있었다. 무덤 속에서 뉴턴과 다윈은 어떤 대화를 나누고 있을까? 자연과학의 거장 뉴턴이 생명의 신비를 밝혀낸 다윈의 이론을 인정했을까? 아니면 아직도 지하에서 열띤 토론을 벌이고 있을지도 모른다. 생명의 기원과 진화에 대해서. 이생

🎩 다운 하우스 찾아가기

홈페이지 ▶ www.english-heritage.org.uk/server/show/nav.1079
주　　소 ▶ Luxted Road, Downe, Kent BR6 7JT
교　통　편 ▶ 런던 Waterloo 역 → Orpington(약 40분 소요), 다운 하우스까지 버스(R5) 이용.
　　　　　　버스는 자주 없기 때문에 택시 이용을 추천함.
개관 시간 ▶ 10:00~18:00 1월 1일, 12월 24~25일 휴관
입　장　료 ▶ 성인 7.2파운드, 어린이 3.6파운드

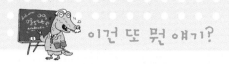
뉴턴과 다윈, 여기 잠들다
웨스트민스터 대성당

영국 국회의사당과 마주 보고 서 있는 웨스트민스터 대성당. 이 건물은 1065년 12월 28일 참회왕 에드워드1003~1066가 지었다. 교황의 후원으로 왕위에 오른 에드워드는 그 답례로 성지 순례를 약속했으나 지키지 못하자 대신 이 대성당을 건립하였다.

이듬해 정복왕 윌리엄이 왕위 대관식을 이곳에서 가진 이래, 웨스트민스터 대성당은 역대 왕들의 대관식을 거행하는 장소가 되었다. 왕실의 결혼식과 장례식도 열리는데, 윈스턴 처칠 수상의 장례식과 다이애나 전 황태자비의 장례식이 열린 곳으로도 유명하다. 지금의 건물은 1388년에 증축된 것이다.

입구에 있는 제1차 세계 대전 당시 전사한 무명 용사비를 거쳐 역대 왕들의 무덤을 지나고 바이런 등의 무덤이 있는 시인 코너를 지나면 뉴턴과 다윈, 돌턴, 맥스웰, 톰슨 등이 묻힌 과학자 묘지가 나온다.

뉴턴은 1727년 3월 20일 사망했고, 3월 28일 이 대성당에 묻혔다. 뉴턴의 무덤은 그의 기념비 바로 옆에 있다. 무덤에는 라틴 어로 "여기에 뉴턴의 육신이 묻혀 있다."라고 적혀 있으며, 기념비에는 그의 업적에 대한 자세한 내용이 새겨져 있다.

흰색과 회색의 대리석으로 만들어진 이 기념비는 1731년에 완성되었다. 여기에는 소년들의 상이 새겨져 있는데, 이들은 수학과 광학에 대한 뉴턴의 업적, 그리고 조폐국장으로서의 활동과 관련된 여러 도구를 이용하는 모습을 나타낸다.

석관 위 안락의자에는 뉴턴이 앉아 있다. 그는 자신이 집필한 책들 위에 오른팔을 올려놓고 있는데, 책의 제목들은 《신성 Divinity》, 《연대학 Chronology》, 《광학 Opticks》, 《프린키피아 Philo. Prin. Math》 등이다. 그의 왼손은 수학 기호가 적힌 두루마리를 든 날개 달린 두 소년을 가리키고 있다. 이들의 배경에는 황도 12궁의 기호와 별자리, 그리고 1680년에 지나간 혜성의 경로가 그려진 천구의가 놓여 있다. 천구의 위에는 천문학을 공부하는 인물이 자리 잡

1 웨스트민스터 대성당 2 성당 내부. 많은 관광객들이 여러 위인들의 무덤과 기념비를 관람하고 있다.

고 있다.

라틴 어로 새겨진 뉴턴의 비문을 우리말로 옮기면 다음과 같다.

여기, 지성이 신의 영역에 도달했고 수학적으로 특별한 능력을 지녔으며 행성의 경로와 모양, 혜성의 경로, 바닷물의 조수, 그리고 다른 어떤 과학자도 이전에 상상하지 못했던 빛에 의해 색깔이 만들어지는 현상을 탐구했던 아이작 뉴턴 경이 묻혀 있다. 그는 근면하고 총명하고 성실했으며, 자연에 대한 철학적인 설명을 통하여 신의 전지전능함을 밝혔고, 복음서의 순수함을 그의 방식대로 밝혔다. 살아 있는 자들이여, 인류에게 위대한 광채를 더해 준 사람이 존재했음에 기뻐하라! 그는 1642년 12월 25일 태어나 1727년 3월 20일 세상을 떠났다.

뉴턴의 석관 위에 자리한 조각상. 뉴턴과 그의 저서들, 천구의 등이 새겨져 있다.

뉴턴의 기념비 옆에는 다윈의 얼굴이 새겨진 작은 은메달과 함께 다윈의 무덤이 있다. 진화론을 주장하여 교회와 격렬한 논쟁을 벌인 다윈이 어떻게 이곳에 묻혔을까? 1882년 4월 19일 다윈이 죽자 왕립 학회 의장은 웨스트민스터 대성당의 대주교에게 전보를 쳤다. 대주교는 당시 파리에 있었는데, 전보를 받고는 바로 동의하는 답신을 보냈다고 한다. 이에 작은 예배당에 있던 다윈의 시신은 4월 26일 아침에 대성당으로 옮겨졌다. 그의 묘비명은 매우 간단하다.

찰스 로버트 다윈. 1809년 2월 12일 태어나 1882년 4월 19일 사망했다.

신의 존재나 본질은 인식할 수 없다고 믿었던 다윈이 웨스트민스터 대성당에 묻힌 것과 관련하여 교회의 대주교는 사람들에게 다윈이 임종 자리에서 개종을 했다고 말했고, 이러한 사실이 널리 받아들여졌다. 하지만 임종을 지켰던 그의 딸은 그런 일이 없었다고 밝혔다.

은으로 만든 실물 크기의 부조 흉상은 1888년에 그의 가족들이 세운 것이고, 조각에는 '다윈DARWIN'이라고만 새겨져 있다.

웨스트민스터 대성당 찾아가기

홈페이지 ▶ www.westminster-abbey.org

주　　소 ▶ 20 Deans' Yard, Westminster Abbey, London SW1P 3PA

교 통 편 ▶ St. James's Park 역(District & Circle Lines), Westminster 역(Jubilee, District & Circle Lines)

입 장 료 ▶ 어른 10파운드, 16세 이하 · 60세 이상 7파운드, 가족(4인. 어른 2+아이 2 또는 어른 1+아이 3) 24파운드

개관 시간 ▶ 9:30~15:45 월~토요일 개방. 일요일, 부활절, 크리스마스에는 예배를 위해서만 사용

Museum of
Science & Indust
산업 혁명기
증기기관차의 힘찬
엔진 소리가
들리지 않니?
STATION BUILDING
3
내 귀엔 맨유 구장의
환호 소리가 들리는데?

맨체스터
과학·산업 박물관

과학사의 최초를 찾아서

'맨체스터' 하면 우리나라 사람들은 무엇을 떠올릴까? 아마 요즘은 대부분 축구 선수 박지성의 소속 팀인 '맨체스터 유나이티드'를 가장 먼저 떠올릴 것이다.

"우리 맨체스터 가면 맨체스터 유나이티드 구장에도 가는 거예요?" 라며 눈을 반짝이던 석원이처럼 말이다.

영국의 한가운데 위치한 조용한 도시 맨체스터는 축구 열풍과 함께 우리나라 사람들에게 친근하게 다가와 있다. 축구 팀을 빼고 역사적으로 생각해 보라고 다시 묻는다면 사회 시간에 배웠던 산업 혁명을 떠올릴 수 있을까?

그렇다. 맨체스터는 영국에서 처음으로 산업 혁명이 싹튼 유서 깊은 도시이다.

무료 셔틀 버스. 맨체스터의 주요 거리를 지나며 지하철 역과 연계해 준다.

기술 혁명으로 산업화가 가장 먼저 일어났고, 최초의 철도가 개설되었으며, 산업 혁명 이후에도 과학 기술사에서 수많은 '최초'를 만들어 내면서 번성했던 맨체스터. 영국이 세계 과학사에 끼친 영향을 알려면 반드시 가 봐야 할 곳이라고 생각했기에 바쁜 일정과 먼 거리에도 불구하고 가자고 주장했던 곳.

나(한샘)와 빈샘, 석원이는 아침 일찍 런던을 출발해 맨체스터행 기차에 몸을 실었다. 런던에서 하루에 다녀오기로 했으므로 일정이 빡빡했다. 게다가 정보도 별로 없는 낯선 도시를 셋이서만 찾아간다는 심리적인 부담도 컸다. 하지만 여행이란 두려운 만큼 설레지 않던가.

런던 유스턴 역에서 예매한 기차를 타고 2시간가량 달린 끝에 맨체스

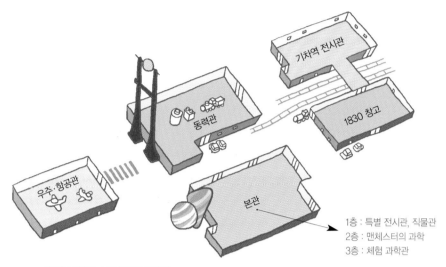

맨체스터 과학·산업 박물관 배치도

터에 다다랐다. 우리는 미지의 세계를 탐험하러 맨체스터 역을 나섰고, 신대륙을 발견하듯 역 앞의 무료 셔틀 버스를 발견했다. 공짜인 게 어디냐 하며 지하철 대신 호기 있게 셔틀 버스를 탔으나 엄청나게 길을 헤맨 끝에 간신히 목적지인 '과학·산업 박물관'에 도착하였다.

여기서 무슨 일이?

세계 최초의 여객 철도였던 맨체스터-리버풀 역사에 세워진 과학·산업 박물관은 맨체스터의 역사, 산업, 과학에 관한 모든 것을 볼 수 있는 곳이다. 본관 외에 4개의 독립된 전시관이 있고 전시물의 내용도 매우

맨체스터 과학·산업 박물관 입구

다양하다. 전시관 모두를 꼼꼼히 보려면 하루를 모두 투자한다 해도 모자랄 것이다. 폐관 시간인 5시까지 시간적 여유가 별로 없었던 우리는 기술이 어떻게 산업을 발달시키고 현대 문명을 가져왔는지, 기술 발달의 역사를 살펴보는 것과 맨체스터가 배출한 위대한 과학자들의 발자취를 찾아보는 것에 중점을 두기로 했다.

우선 본관 2층First Floor에 있는 '맨체스터의 과학'관부터 관람을 시작했다. 이 전시관은 맨체스터가 과학사에 미친 공헌을 자세하게 알려 준다. 연도별로 관련 사진이나 기사를 중심으로 맨체스터에서 일어난 중요한 과학적 발견과 과학자의 업적을 적고 실험 도구 등을 전시해 놓았다.

그럼, 맨체스터에서 어떤 일이 있었는지 한번 살펴볼까?

맨체스터에서 일어난 과학적 사건이 시대순으로 전시되어 있다.

1803 윌리엄 헨리가 헨리의 법칙을 발견. 돌턴이 원자설을 출판

1830 맨체스터-리버풀 간 철도 개통으로 최초의 여객선이 운행됨.

1841 이튼 호킨슨이 철 강도에 관한 연구로 왕립 학회에서 메달 수상

1845 제임스 줄이 열과 에너지 사이의 관계를 밝힘.

1901 UMIST(맨체스터 과학 기술 대학)의 모태가 된 기술 학교가 생김. 모
     즐리가 원자 번호에 기초한 주기율표를 완성

1913 헨리 포드가 맨체스터에서 자동차 생산을 시작함.

1915 브래그 부자가 노벨 물리학상을 함께 수상

1917 러더퍼드가 맨체스터 대학에서 원자를 쪼갬.

1935 채드윅이 중성자 발견으로 노벨상 수상

1948 블래킷이 안개 상자를 사용한 입자 연구로 노벨상 수상

1951 콕크로프트가 핵 분열 연구로 노벨상 수상

1988 블랙이 새로운 약제인 프로프라놀롤과 시메티딘 개발로 노벨상 수상

1996 크로토가 풀러렌 구조 규명으로 노벨상 수상

크로토와 풀러렌

눈부시게 빛나는 다이아몬드와 연필심에 쓰이는 새까만 흑연은 모두 탄소 원소로만 이루어진 형제 같은 물질이다. 이렇게 한 가지 원소로 되어 있으나 원자의 배열 또는 결합 방식이 다른 물질을 동소체라고 한다.

1985년 영국의 과학자 크로토와 미국의 과학자 스몰리, 컬은 탄소의 새로운 동소체를 발견했다. 60개의 탄소로 이루어진 이 물질의 구조는 놀랍게도 12개의 정육각형과 20개의 정오각형으로 이루어진, 축구공과 같은 구조! 그들은 곧 이 물질의 구조가 벅민스터 풀러가 세운 건축물의 구조와 동일하다는 것을 깨달았다. 풀러는 미국의 건축가이자 수학자로서 '오일러의 정리'를 건축에 응용, 정이십면체와 같은 정다면체의 면들을 분할해 가면서 면적을 줄이는 방법으로 돔 모양의 건축물을 개발했다. 과학자들은 새로운 물질에 풀러의 이름을 따서 '벅민스터 풀러렌'이라 이름 지었다. 줄여서는 '풀러렌' 또는 '버키볼'이라 한다. 1996년 세 사람은 풀러렌을 발견한 공로로 노벨 화학상을 받았다. 이후 풀러렌은 탄소 나노 튜브와 함께 나노 과학의 새로운 장을 연 물질로 주목받고 있다.

크로토는 노벨상 수상 이후 수많은 강연과 프로그램을 진행하면서 과학 교육과 대중화에 열정을 쏟고 있다. 2004년 한국을 방문했을 때 그는 학생들과의 대화에서 "연구는 업적을 위해 하는 것이 아니다. 노벨상 이전에 과학을 사랑하고 즐겁게 연구하는 것이 우선이다."라며 연구의 기본 자세를 강조했다. 자신의 연구에서 즐거움을 찾고 그 결과 훌륭한 업적도 이룬 후, 그것을 사회에 환원하려 하는 그의 모습이 아름답다.

과연 패널에 적힌 대로 맨체스터가 지난 200년 간 과학 연구와 발견에서 선구자적 역할을 해 왔다고 자랑할 만하다. 패널의 다음 문구는 더욱 의미심장하다.

오늘날 맨체스터의 과학자는 누구이고 어떤 연구를 하고 있으며, 그러한 연구가 우리가 살아가는 방식을 어떻게 바꾸어 놓을까?

이곳의 전시는 맨체스터라는 도시가 과학과 기술에서 위대한 업적을 일구고 그것이 세상을 바꾸는 데 기여했다는 것을 알리는 동시에, 과학관을 방문하는 아이들이 미래의 과학자로서 세상을 바꿀 수 있다는 꿈을 갖게끔 하고 있었다. 한 나라의 수도도 아닌 작은 도시의 과학 기술 전통이 이처럼 심오하고 그것을 효과적으로 알리는 과학관을 가지고 있다는 점이 인상 깊었다. 우리나라노 과전에 지어질 국립 과학관뿐만 아니라 지역 특유의 과학 문화를 알릴 수 있는 독특한 지역 과학관이 많이 생겼으면 하는 바람을 품어 본다.

맨체스터를 빛낸 과학자들

맨체스터의 과학관 한쪽에는 맨체스터를 빛낸 과학자들 가운데 돌턴, 줄, 러더퍼드, 로벨의 방이 따로 만들어져 있다. 방의 바깥쪽에는 그들의 업적을 볼 수 있는 홀로그램 영상이 보였다. 방에서는 먼저 커다란 초상화가 우리를 맞아 주었고 여러 가지 자료, 실험 도구, 동영상으로 그들의 생애와 업적을 소개하고 있었다.

첫 번째 방은 돌턴1766~1844의 방. 돌턴의 연구에 지대한 영향을 미쳤던 맨체스터 문학·철학 협회 회원들과 조지 거리 36번지의 협회 건물 사진이 눈에 띄었다. 돌턴은 맨체스터 태생은 아니다. 성인이 되어 맨체스터에 온 돌턴은 대학에서 강의를 맡았고, 맨체스터 문학·철학 협회

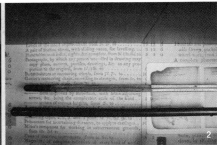

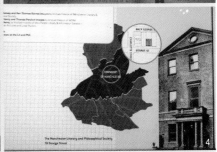

1 돌턴의 방 입구 2 돌턴이 매일 온도를 측정하는 데 사용한 온도계. 뒤에 보이는 낡은 종이는 그의 실험 노트이다.
3, 4 맨체스터 문학·철학 협회 회원들과 협회 건물

의 회원이 되었으며, 이후 계속 맨체스터에서 살았다.

맨체스터 문학·철학 협회는 돌턴에게 개인 연구실과 강의실을 마련해 줄 정도로 아낌 없는 지원을 하였다. 돌턴은 이 협회에서 총 116편의 논문을 발표했는데 그중 대표적인 것으로 〈색맹에 관한 연구〉와 〈화학 원자론〉, 〈물체의 궁극적 입자에 대한 최초의 상대 질량표〉가 있다.

방 한편에는 돌턴이 매일 온도를 측정할 때 사용한 온도계도 전시되어 있었다. 돌턴은 죽을 때까지 하루도 빠짐없이 기상 관측을 하였고, 이것이 그가 기체 연구를 하는 데 결정적인 역할을 하였다고 한다.

돌턴은 다양한 연구를 했지만 그를 가장 유명하게 한 것은 바로 원자설이다. 모든 물질은 더 이상 쪼갤 수 없는 기본 입자로 구성되어 있다는 생각은 돌턴이 처음 한 것은 아니고 고대 그리스의 데모크리토스 때부터 존재했다. 돌턴은 오랫동안 기체의 여러 가지 성질을 연구하다가 기체들이 무수한 입자들로 이루어져 있을 것이라고 생각하게 되었다.

그는 1803년 원자설의 대체적인 구상을 끝내고 1808년 《화학 원리의 새로운 체계》라는 책을 통해 원자설을 발표했다. 돌턴은 모든 원소의 원자는 공처럼 둥근 모양이라고 상상하고 원자 모형을 만들어 화합물

돌턴과 색맹

돌턴은 선천적인 색맹으로 붉은색을 구별하지 못했다. 주로 검은색 옷만 입는 검소한 퀘이커 교도였던 돌턴이 야한 붉은색 비단 양말을 회색인 줄 알고 어머니에게 선물했다가 망신을 당한 이야기는 과학사의 에피소드로 유명하다. 색맹 때문에 여러 차례 난처한 일을 당해야 했던 돌턴은 자신의 약점이었던 색맹을 극복하기 위해 색맹에 관한 많은 연구를 하였다. 그는 색맹의 원인이 눈 내부에 있는 액체가 빛 가운데 빨간 부분을 흡수해 버리기 때문이라고 믿었고, 죽은 후 자신의 안구를 색맹 연구를 위해 기증한다는 유언을 남겼다. 그가 죽은 후 친구인 의사 랜섬이 유언을 따라 그의 눈을 조사하였으나, 눈 안의 액체가 색맹의 원인이라는 돌턴의 생각은 틀린 것으로 밝혀졌다. 하지만 색맹에 대해 최초로 체계적인 연구를 한 그의 공을 인정해 색맹을 돌터니즘이라 부르기도 한다.

1 줄의 방 입구에 있는 초상화 2 줄에게 영향을 준 사람들. 돌턴, 패러데이, 맨체스터 문학·철학 협회 회원들

의 구조를 표시하기도 했다. 같은 종류의 원자는 크기와 질량이 같고 다른 종류의 원자는 크기와 질량이 다르다고 본 그는 수소 원자를 표준으로 하고 그 원자량을 1로 정한 다음, 그것을 기준으로 다른 원자의 원자량을 결정하려 했다.

두 번째 방은 돌턴의 제자였던 줄1818~1889의 방이다. 줄은 맨체스터 출신으로 열역학 제1법칙인 에너지 보존 법칙을 확립한 과학자이다. 전시된 패널을 읽어 보니 줄은 돌턴에게 기본적인 화학과 물리를 배웠고, 패러데이에게서 영향을 받았으며, 맨체스터 문학·철학 협회 회원으로 활동하며 자신의 연구를 펼쳐 나갔다고 한다.

에너지 보존 법칙이란 열, 전기, 자기, 역학적 에너지 등이 서로 형태만 바뀔 뿐 그 총량은 항상 일정하게 보존된다는 것이다. 오랫동안 사람들은 물체에 열을 가해 무엇인가를 하고 나면 그 열이 사라진다고 생각했다. 그러나 줄은 열이 역학적인 일로 바뀌고 또 역학적 일은 열로 바

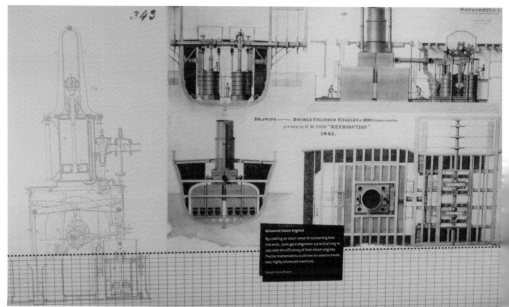

바퀴를 돌리면 물 분자를 진동시켜 물의 온도가 올라간다. 역학적 에너지가 열로 바뀌는 것이다. 물의 온도 변화를 이용하여 에너지를 구할 수 있다.

뀔 수 있다는 것을 실험으로 보여 주었다. 이러한 실험을 통해 열과 역학적 일이 형태는 다르지만 본질적으로 같은 어떤 것, 즉 '에너지'라는 것을 인식하게 되었다. 이곳에는 줄의 실험 장치가 자세히 설명되어 있었다.

세 번째 방은 러더퍼드1749~1819의 방. 러더퍼드는 뉴질랜드 출신의 과학자로 영국에 유학 와서 활약하였다. 그는 케임브리지 대학의 캐번디시 연구소에서 캐나다 맥길 대학으로, 다시 맨체스터 대학으로 옮겨 다닌 활동가인데, 그의 업적 가운데 가장 유명한 알파 입자 산란 실험이 이루어진 곳이 바로 맨체스터이다. 알파 입자를 질소 원자에 충돌시켜 산소와 수소 원자로 쪼갬으로써 최초로 원자를 인위적으로 쪼갠 실험

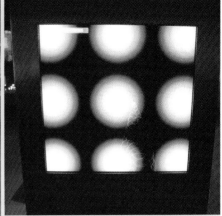

알파 입자 산란 실험 장치 모형. 앞에서 알파선을 쏘면 대부분은 원자를 통과하지만 일부는 원자핵에 맞아 튕겨 나온다.

을 성공한 곳도 맨체스터이다. 당시 그의 팀에는 전 세계에서 모인 다양한 재능의 젊은 과학도들이 있었는데 그중 여러 사람이 중요한 업적을 세웠다. 가이거, 보어, 채드윅, 다윈, 모즐리 등이 그들이다. 이 방에 그들의 사진과 실험 도구들도 있었다.

러더퍼드의 방에는 알파 입자 산란 실험이 그림과 함께 직접 조작할 수 있는 모형으로 전시되어 있었다. 러더퍼드를 유명한 과학자로 만들고 그에게 노벨상을 안겨 준 이 실험은 어떻게 이루어졌을까?

1911년 당시 러더퍼드는 방사선의 한 종류인 알파 입자의 성질에 대한 연구를 하고 있었다. 그는 알파 입자를 얇은 금박에 충돌시켰을 때 나타나는 현상을 조사한 결과, 대부분의 알파 입자는 직진을 하지만 전자와 부딪친 알파 입자는 조금 휘어질 것이라고 예상하였다. 그런데 그의 예상과는 달리 일부의 알파 입자가 90도 이상의 각도로 팅겨 나오는 것이 아닌가. 그는 나중에 이때의 충격을 다음과 같이 표현하였다.

"이 일은 내 인생에서 가장 믿을 수 없는 사건이었습니다. 포탄을 종이를 향해 쏘았는데 팅겨서 자신에게 되돌아왔다면 믿을 수 있겠습니까?"

이 현상을 설명하기 위해 그는 원자 내부에 크기가 작고 원자 질량의 대부분을 차지하는 원자핵이 존재해야 한다는 새로운 주장을 내놓았고, 전자가 원자핵 주위를 도는 원자의 태양계 모형을 발표하였다.

전시된 패널에는 아인슈타인이 러더퍼드를 역사상 가장 위대한 실험가 중 한 사람으로 생각했다는 구절이 나온다. 러더퍼드는 아주 단순한 실험 장치를 가지고 가장 진보적이고 독창적인 실험을 해내는 뛰어난 능력이 있었다는 것이다.

어떤 사람들은 이렇게 주장한다. 과학적 발견은 그 사람이 아니었어도 시간이 지나면 다른 누군가가 대신 했을 것이라고. 즉 과학적 발견에서의 독창성을 인정하지 않는 것이다. 물론 러더퍼드가 아니었어도 원자핵과 양성자의 존재는 밝혀졌을 것이다. 그러나 알파선 입자의 산란을 통해 원자핵을 발견한 그의 실험은 존재할 수 없었을 것이다. 그래서 과학 실험은 독창적이고 아름답다.

돌턴의 거리와 동상

맨체스터는 산업 혁명기 전후로 수많은 과학 기술자를 배출한 도시이고 그들의 업적이 잘 보존되어 있다. 그중에서도 돌턴에 대한 애정은 각별하다. 2003년에는 돌턴 원자설 200주년 기념 행사가 성대하게 열렸다고 한다.

돌턴이 이곳에서 유명한 것은 그의 원자설과 그의 인품, 맨체스터 발전에 미친 영향력이 1차적인 원인일 테지만 맨체스터 시의 전략도 한몫했다. 맨체스터 대학 과학기술연구소의 과학사학자 존스 여사는 "맨체스터는 원자설로 세계적으로 유명해진 돌턴의 명성을 잘 활용했다."라며 "돌턴 덕분에 맨체스터가 산업 혁명의 중심으로 성장할 수 있

었다."라고 했다. 지역 출신 과학자를 우대하고 홍보에 활용한 맨체스터의 지혜가 돋보인다.

맨체스터에는 돌턴을 기념한 거리가 있고 시청에 돌턴과 줄의 동상이 있다. 돌턴 기술 대학의 돌턴 빌딩 앞에도 동상이 있다. 돌턴은 살아 있을 때 시민들의 모금을 통해 동상이 세워진 과학자로 유명하다. 그가 사망했을 때에는 무려 4만 명의 시민들이 조문을 했다고 한다. 그의 과학적 업적보다도 평생을 검소하고 겸손하게 살면서 교육을 통해 수많은 제자를 길러 낸 인품 덕분에 많은 존경을 받은 것 같다.

맨체스터에 있는 돌턴 거리

동력관, 산업 혁명에 시동을 걸다

본관에서 밖으로 나오니 건너편에 화물 창고들과 기차역이 보였다. 1830년대에 지었다는 이 화물 창고들은 증축을 거의 하지 않아 빅토리아 시대 건축 양식을 그대로 간직하고 있다. 이 창고들 가운데 하나가

동력관 밖으로 쭉 뻗은 선로는 기차역까지 이어져 있다.

동력관이다. 세계 최대의 증기 기관 전시관답게 맨체스터의 산업 혁명기에 원동력이 되었던 증기 기관의 발달을 상세히 보여 주고 있었다.

산업 혁명에서 중요했던 면공업의 경우, 면을 짜는 방적기를 움직이는 데 증기 기관을 사용했다. 뜨거운 수증기가 팽창해 발생하는 열에너지로 기계를 돌리는 증기 기관은 산업 혁명기에 모든 기계를 움직이는 원동력이었다. 면공업에 쓰이는 석탄을 운반하는 기차도 증기 기관을 사용했고, 자동차나 기차도 마찬가지였다.

동력관 안에는 그때 쓰였던 각종 엔진과 함께 증기 기관으로 움직였던 기관차가 통째로 전시되어 있었다. 맨체스터는 영국을 대표하는 고급 자동차 브랜드인 롤스로이스의 탄생지이며, 초기 자동차 산업의 중추적 역할을 한 곳이기도 하다. 전시관에는 롤스로이스를 비롯해 맨체스터에서 생산된 자동차들의 첫 모델들도 있었다.

가장 눈길을 끈 것은 실제로 움직이는 커다란 기관차였다. 물이 끓어

[1] 우리가 맨체스터까지 타고 간 열차. 경유를 사용하는 오늘날 기차 모습이다. [2] 동력관에 전시되어 있는 기차. 증기 기관으로 달렸다. [3] 실제로 움직이는 엔진과 바퀴. 증기의 힘을 측정하는 둥글게 생긴 유압계 3개가 보인다. 요란한 소리를 내며 작동한다. [4] 롤스로이스 초기 모델 [5] 와트가 만든 증기 기관. 와트는 뉴커먼이 만든 최초의 증기 기관을 개량하여 효율성을 획기적으로 개선하고 이를 널리 보급했다. 그의 증기 기관은 산업 혁명에서 핵심적인 역할을 했다.

수증기가 뿜어 나오면서 수증기의 힘이 피스톤을 움직이고 축을 돌려 바퀴가 돌아가고 있었다. 시끄러운 소리와 함께 힘차게 도는 바퀴의 모습을 보니, 낡은 기차이지만 금방이라도 달릴 수 있을 것 같았다. 실제로 동력관 안 바닥에는 옛날 기차 선로가 그대로 깔려 있었다. 선로는 밖으로 뻗어 나가 화물 창고 앞 기차역에 닿아 있었다.

꿈과 열정의 기적 소리

옛 기차역은 그 자체가 전시관이었다. 1830년대 기차역의 승객 대기실 공간과 화물 청사, 상점 등의 공간이 그대로 재현되어 있었다. 이곳이 바로 세계 최초의 여객 철도인 맨체스터-리버풀 간 철도가 시작된 역사적인 현장이다.

비가 와서 그런 것인지, 박물관 문 닫을 시간이 가까워서인지 역에는 사람이 거의 없었다. 비가 부슬부슬 내리는 고즈넉한 역에 서서 이곳에서 만들어진 면직물을 싣고 달려 나가는 기차의 모습을 영화의 한 장면처럼 떠올려 보았다.

기차에는 사람들과 화물이 가득 실리고, 플랫폼은 배웅 나온 사람과 역무원, 상인 들로 북새통을 이루고……. 기차가 엄청난 소음과 연기를 뿜으며 달리기 시작하면 사람들은 환호성을 지르며 따라 뛰지 않았

기차역에서 바라본 동력관. 왼쪽으로 작은 화물 기차가 보인다.

[1] 직물관. 종이 띠를 엮어서 천을 짜는 과정을 보여 준다. 직물관에서는 여러 종류의 섬유들을 만져 보고 스스로 천을 짜거나 엮는 활동을 할 수 있다. [2] 각도를 조절하면서 어떤 섬유가 잘 미끄러지는지 볼 수 있다. 모, 면, 폴리에스테르 섬유 중 어떤 것이 무겁고 가벼운지를 알 수 있다. [3] 체험 과학관에 있는 솔라 모빌. 아래의 태양 전지판의 각도를 조정하여 위에 있는 모빌에 맞추면 모빌이 움직인다. [4] 우주·항공관에는 오늘날 영국의 항공 산업에 맨체스터가 기여한 바를 잘 알 수 있도록, 비행기에서 우주 왕복선까지 다양한 것들이 전시되어 있다. 비행기와 그것의 제작 과정을 잘 설명해 놓았다. [5] 체험 과학관에 있는 코너로, 만져 보고 냄새를 맡아 보는 등 감각으로 물질을 맞히는 장치

¹맨체스터 하수도 역사 전시관 ²하수도를 재현해 놓았다. 혼자 걸으면 좀 으스스하다.

을까? 처음 기차를 본 사람들은 얼마나 신기했을까? 이곳은 꿈과 열정을 실어 나르는, 활기 넘치는 곳이었겠지.

전시관 안은 맨체스터의 역사를 보여 주는 전시물로 꾸며져 있었다. 특히 지하에 있는 맨체스터 하수도 역사 전시관에는 로마 시대부터 이어져 온 하수도를 재현해 놓았는데, 칙칙하고 어두운 조명 속에 물 흐르는 소리도 났다. 그 당시 사람들이 썼던 세면대, 변기, 목욕탕 등이 있었고, 인형들이 맨체스터 사람들의 생활상을 재현하고 있었다.

그런데 시간이 얼마나 흘렀을까? 열심히 관람하다 둘러보니 어느새 주위에 아무도 없었다. 빠듯한 시간에 하나라도 더 보려고 석원이도 떼어 놓고 혼자 다니고 있었는데 지하의 어두운 하수도에 혼자 남았다고 생각하니 갑자기 서늘한 한기가 느껴졌다. 문 닫을 시간이 되었으니 나가라는 소리가 어디선가 들려오는데, 정작 나는 출구가 어느 쪽인지 몰라 헤매며 '여기 갇히면 어쩌지?' 하는 두려움에 등골이 오싹했다. 다행히 점검하러 온 직원을 만나 무사히 탈출!

기차역 전시관에는 컴퓨터 전시관도 있다. 이곳에는 컴퓨터와 계산기의 역사에 대한 자료가 전시되어 있다. 맨체스터 대학에서 개발한 세계 최초의 현대적 컴퓨터 'The Baby'가 있다고 해서 찾아보았는데 정해진 관람 시간이 아니라 볼 수 없어서 아쉬웠다.

다시 런던으로

맨체스터 과학·산업 박물관은 과학과 산업과 지역의 역사가 모두 어우러져 잘 표현된 멋진 곳이었다. 시간이 더 넉넉했다면 좋았겠다는 생각이 들었지만 산업 혁명의 시발점이라 할 수 있는 맨체스터 기차역에서 본 것으로 아쉬움을 달래며 과학관을 나왔다.

돌턴의 거리와 맨체스터 시청 앞을 돌아보고는 기차 시간에 맞춰 서둘러 역으로 향했다. 무료 셔틀 버스를 또 탔는데 이번에는 운전사가 길이 막힌다고 도중에 내려서 걸어가란다. 길은 모르지, 비는 추적추적 내리지, 춥기까지 한 거리에서 물어 물어 찾다가 겨우 역에 도착했다. 무료라고 좋아했는데 하루 종일 셔틀 버스 때문에 길에 버린 시간이 얼마인지…….

맨체스터 역에서 런던행 7시 15분 기차를 타고 런던 유스턴 역에 10시쯤 도착했다.

런던에 도착하니 집에 온 것 같은 안도감에 마음이 놓였다. 먼 곳, 그리고 낯선 곳의 개념은 얼마나 상대적인가! 무사히 돌아온 것이 너무 기뻤다.

"얼른 집에 가서 따뜻한 물에 샤워하고 싶어요."

"뉴턴 생가에 간 팀도 무사히 다녀왔겠지? 그 팀은 어땠는지 궁금하네~"

우리는 런던에서의 스위트 홈, 민박집을 향해 다시 전철을 타러 갔다.

후일담 한 가지 : 맨체스터까지 가서 유나이티드 구장에 안 갔다고 불만이 가득했던 석원이는 런던에서 사 준 맨체스터 유나이티드 티셔츠에 겨우 마음이 풀렸다. 친구들에게는 맨체스터에서 직접 샀다고 뻥을 치며 여름 내내 그 티셔츠를 입고 다녔다. 학샘

맨체스터 과학·산업 박물관 찾아가기

홈페이지 ▶ www.msim.org.uk

주　　소 ▶ Liverfool Road, Castlefield Manchester M3 4FP

교 통 편 ▶ 런던 Euston 역 → Piccadilly Manchester 역(약 2시간 10분 소요). 여기서 박물관까지는 트램이나 버스, 무료 셔틀 버스 이용(약 30분 소요)

　　　　　 트램 : G-Mex 역에서 도보 10분. 버스 : 33번을 타고 박물관 근처 Liverpool Road 하차

개관 시간 ▶ 10:00~17:00 1월 1일, 12월 24~26일 휴관

입 장 료 ▶ 상설 전시관 : 무료. 특별 전시관 : 전시에 따라 다름.

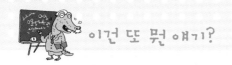
최초의 교통 기관,
영국을 달리다

우리는 프랑스에서 영국으로 이동할 때 '유로스타'라는 기차를 이용했다. 유럽에서는 기차가 일상적인 교통수단이지만, 영국은 섬나라라는 점을 감안하면 조금은 의아할 것이다. 기차는 프랑스와 영국 사이의 바다인 도버 해협 아래 약 45미터의 깊이로 50킬로미터가량을 뚫어 만든 최초의 해저 터널을 통과한 것이다.

근대 과학이 처음 탄생한 나라, 산업 혁명이 일어난 나라인 영국에서는 '세계 최초'라는 수식어를 자주 만날 수 있다. 그중 하나가 바로 교통수단과 관련되어 있다. 증기 기관의 발명이 산업화를 이끌었고, 1807년 스티븐슨이 세계 최초의 증기 기관차를 발명하여 산업화는 더욱더 가속화되었다.

그 밖에 영국의 어떤 교통수단에 '세계 최초'를 붙일 수 있을까? 지하철도 1863년 영국에서 처음 만들어졌다. 서울에 지하철이 생긴 때가 1974년이니, 영국은 이보다 111년이나 먼저 생긴 것이다. 오늘날 지하철은 전기를 이용한 전동차이지만 그 당시에는 전동차가 없었기 때문에 증기 기관차로 운행하였다고 한다. 그래서 지하철이 다니는 길을 모두 덮지 않고 사이사이

1 런던의 명물, 빨간 이층 버스 2 타코마 다리 붕괴 장면 3 지금의 런던 지하철 4 증기 기관으로 움직이던 최초의 지하철 5 밀레니엄 브리지

에 구멍을 뚫어 증기 기관차에서 나오는 연기를 빼내야만 했다. 하지만 터널 속은 쉽게 연기로 가득 찼기 때문에 승객들의 옷이 검게 변하곤 했다.

버스도 1825년 영국에서 최초로 만들어졌다. 오늘날 영국의 상징물 중 하나인 이층 버스가 버스의 기원이다. 런던에는 세 종류의 버스가 있다. 일반 버스, 이층 버스, 굴절 버스. 그런데 왜 이층 버스를 만들었을까? 그것은 많은 사람을 태우기 위해서였다. 예전의 영국 도로는 매우 좁고 구불구불해서 긴 버스가 다닐 수가 없었다. 그래서 마차에 사람을 많이 태우기 위해 지붕에 손님을 태웠던 것에서 착안하여 버스를 이층으로 만든 것이다.

이층 버스의 위층에 앉아 있으면 커브 길을 돌 때 차가 넘어질 것 같은 느낌을 받곤 한다. 커브 길에서는 원심력을 받기 때문인데, 이층 버스는 일반 버스보다 1.5배가량 높아 상대적으로 무게 중심이 높다. 따라서 커브를 돌 때 이층 버스가 일반 버스보다 많이 기울어진다. 따라서 이층 버스는 뒤집어지는 사고를 막기 위해 시속 50~60킬로미터 이하로만 운행해야 한다.

정류장에서 버스를 기다리는데 연세가 높아 보이는 할머니 한 명이 버스를 타려고 하였다. 도와 드릴까 하는 생각에 다가서던 찰나, 갑자기 버스의 출입구 쪽이 서서히 내려가는 것이 아닌가! 그러더니 할머니가 버스에 올라서자 기울어졌던 버스가 다시 균형을 잡았다. 압력을 조절해서 버스의 높낮이를 변경할 수 있는 기능이었다. 우리나라에도 노약자나 장애인이 버스를 보다 쉽게 타고 내리게 하기 위해서 높이가 낮은 저상 버스를 도입하고 있다.

그리니치 천문대에 갔다가 돌아올 때에는 배를 탔다. 배를 타고 템스 강을 거슬러 올라오다가 '밀레니엄 브리지'가 눈에 띄었다. 이 다리에는 재미있는 사연이 담겨 있다.

영국에서는 2000년이 되는 것을 기념하여 2000명이 한 번에 지나다닐 수 있는 다리를 세인트 폴 대성당과 테이트 모던 갤러리 사이에 놓았다. 그런데 처음 이 다리를 건너던 사람들은 마치 놀이 기구를 타는 것 같은 느낌에 사로잡혔고 심지어 멀미를 하는 사람도 있었다. 다리가 엄청나게 흔들렸던 것이다. 그래서 불과 개통 3일 만에 통행을 금지하고 과학자들은 그 원인이 무엇인지 알아보았다. 강한 바람에도 끄떡없게 설계한 다리가 왜 흔들리는지, 다리 위에서 사람들이 움직이는 모습을 찍은 화면을 통해서 과학자들은 그 원인을 찾아낼 수 있었다.

사람들이 다리 위에서 박자를 맞추어 걷고 있었던 것이다. 사람은 뒤쪽으로 발을 밀면서 그 반작용으로 앞으로 나아가는데, 이때 뒤쪽만이 아니고 좌우로도 힘을 주게 된다. 적은 수의 사람이 건널 때는 문제가 되지 않지만, 수많은 사람이 동시에 건너는 경우엔 약간의 흔들림이 생기게 마련이다. 이때 균형을 잡기 위해 사람들은 자기도 모르게 옆으로 힘을 주면서 걸었고, 이 힘이 서로 박자가 맞으면서 다리가 점점 더 크게 흔들렸던 것이다.

이러한 현상을 '공명' 또는 '공진'이라고 한다. 그네를 탈 때 뒤에서 그네가 움직이는 박자에 맞추어 밀면 그네의 흔들림이 점점 커지는 것처럼, 작은 힘이라도 그 주기를 맞추어 가해 주면 점점 더 그 효과가 커지는 원리이다. 즉 다리의 진동 주기가 사람의 발걸음의 주기와 비슷하기 때문에 다리가 점점 더 크게 진동한 것이다. 실제로 미국의 워싱턴 주에 있는 '타코마 다리'는 바람이 만든 공진으로 1943년 무너지는 일이 발생했다. 다행히도 밀레니엄 브리지는 2년간의 보수 공사를 거쳐 이제는 안전하게 지나갈 수 있다. 이생

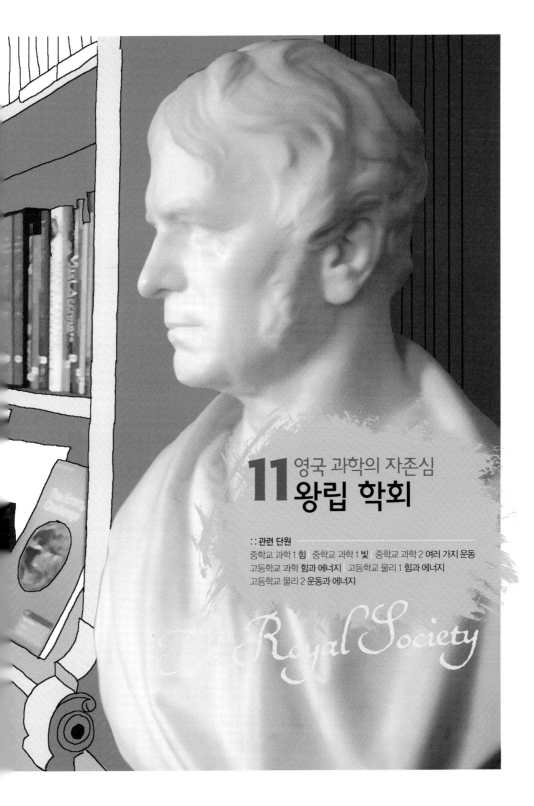

11 영국 과학의 자존심
왕립 학회

The Royal Society

높은 문턱 오르기

흔히 말하는 '과학자'가 되려면 대개 어떤 과정을 거쳐야 할까?

먼저, 대학에서 이공계 학과를 전공해야 할 것이다. 공부를 마치면 대학이나 연구소에 취직해서 본격적인 연구를 시작한다. 그리고 과학적 성과물을 학회를 통해 발표하여 인정을 받는다. 그러면 '과학자'라고 자타가 공인하는 사람이 되어 있을 것이다. 요컨대 과학자가 탄생하는 데는 대학과 연구소와 학회가 세 축을 이룬다고 말할 수 있다. 그중에서 근대 과학이 태동하는 데 가장 먼저 기여를 한 것은 무엇일까? 그것은 바로 대학도, 연구소도 아닌, 과학자 단체인 학회이다.

학회 가운데서도 유럽에서 과학자를 배출하는 데 가장 중요한 역할을 한 두 단체를 꼽으라면 영국의 왕립 학회와 프랑스의 과학 아카데미를 들 수 있다. 실제로 과학 교과서를 펼쳐 보면 과학자들 가운데 영국 과학자가 가장 많은데, 이것은 왕립 학회와 같은 과학자 단체가 잘 발달했던 사실과도 무관하지 않다.

근대 과학의 산실 역할을 한 왕립 학회, 그곳에서 영국 과학의 전통과 과학자의 숨결을 느껴 보기 위해 길을 나섰다.

주소를 보니 시내 중심가라서 쉽게 찾을 거라 생각했지만 으레 그랬 듯이 허술한 지도로 여러 번 길을 물은 끝에 겨우 학회 건물을 찾아냈다. 고풍스런 건물이 역사와 전통을 말해 주는 듯했다.

기대를 품고 당당하게 입구로 들어선 우리. 그런데 곧바로 접수원에게 저지를 당했다. 예약을 하지 않으면 입장이 안 된다는 것이다. 이를 어쩌나……. 그러나 파리에서도 과학 아카데미에 들어가지 못하고 돌아서는 허탈함을 맛보았는데 여기서도 그냥 돌아설 수는 없었다. 일단 부딪혀 보자!

"저……, 이걸 가져왔는데요."

홈페이지에서 뽑아 작성해 온 서류를 보여 주니 도서관에 온 거냐면서 기다리란다. 우리가 쓴 서류는 도서관 출입용인가 보다. 일단 사람이 나오기를 기다렸다가 그 사람을 따라 도서관까지 진입하는 데 성공했다. 계단 하나를 올라가는 것뿐인데도 직원이 나와서 직접 데려가는 걸 보면 일반인의 출입을 철저히 통제하는 것 같았다.

이번에는 사서가 무슨 자료가 보고 싶으냐고 물었다.

"우리는 한국에서 온 과학 교사입니다. 왕립 학회의 역사와 과학자의

런던 칼톤 하우스 테라스 가 7번지에 위치한 왕립 학회. 워털루 광장 바로 앞에 있다.

유적을 돌아보고 싶어서 왔는데 예약을 해야 하는지는 몰랐습니다. 내일까지만 런던에 머물 거라서 다시 올 수도 없는데, 어떻게 안 될까요?"

그러면서 영화 〈슈렉 2〉에 나온 '장화 신은 고양이' 표정으로 쳐다보았다. 사서는 난감한 표정을 짓더니 기다려 보란다. 끈질기게 기다리자 사람이 왔다. 같은 말을 반복했더니 또 기다리란다. 거의 한 시간을 버티니 어떤 할머니가 나타나서는 지금 바로 안내를 해 주겠다고 했다.

'아싸! 성공이다.'

속으로 쾌재를 부르며 우리를 구원해 준 천사, 할머니 가이드를 따라나섰다.

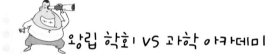

왕립 학회 VS 과학 아카데미

영국의 왕립 학회는 1662년 찰스 2세의 헌장으로 공식 출범했다. 1666년 설립된 프랑스 과학 아카데미보다 4년 앞선 것이다. 두 단체 모두 전문 과학자 집단을 만들어 내면서 본격적인 과학 연구와 교류의 장을 열어, 근대 과학이 태동하는 데 큰 역할을 했다. 그럼 두 단체의 차이점은 무엇일까? 왕립 학회는 이름과는 달리 왕실에서 별다른 재정 지원을 받지 않았고 그 대신 정부의 간섭도 받지 않는 자유로운 모임이었던 반면, 프랑스 과학 아카데미는 정부에서 재정적인 지원을 받았고 그 대가로 과제를 수행해야 하는 의무가 있었다. 그 결과 왕립 학회의 활동은 아마추어적이고 개인적이면서 실험적인 연구가 많았던 데 비해, 프랑스 과학 아카데미의 활동은 조직적이고 체계적이면서 이론적인 연구가 주를 이루었다.

어느 쪽이 더 바람직한가에 대해서는 꼬집어 말하기 어렵다. 왕립 학회는 자유로운 연구 풍토를 만들어 과학의 지평을 넓힌 공이 있고, 과학 아카데미는 안정적인 수입과 명예를 보장해 과학자를 하나의 전문직으로 정착시킨 공이 있다고 해 둘까?

왕립 학회가 하는 일

가이드는 먼저 네 차례에 걸친 왕립 학회 건물 이전의 역사에서 시작해 왕립 학회의 역할에 대해 자세히 설명해 주었다.

왕립 학회의 전신은 보일과 그의 동료들이 모여 실험하던 '보이지 않는 대학'이다. 왕이 되기 전부터 이 모임의 멤버였던 찰스 2세가 적극 후원하여 정식 학회가 될 수 있었다. 왕실로부터 운영에 대한 재정적인 후원은 거의 받지 않았으나 땅과 집, 출판의 권리 등 여러 권한을 부여받았다.

왕립 학회 도서관과 패러데이 흉상. 전기와 자기에 관한 훌륭한 업적을 남긴 패러데이는 왕립 연구소의 조수로 시작해 왕립 학회의 회원이 되었고, 나중에 왕립 연구소에서 대중 강연을 하기도 했다.

왕립 학회가 하는 일은 여러 가지이다. 먼저 가장 위대한 업적을 이룬 과학자에게 정회원의 자격을 부여하여 그들의 업적을 치하한다. 영국의 과학자들은 왕립 학회의 정회원으로 뽑히는 것을 노벨상을 받는 것 이상의 영예로 생각한다. 가장 유명한 과학자 단체의 회원으로 모든 사람들의 인정을 받기 때문이다.

또한 왕립 학회는 미래의 정회원을 키우기 위해 젊은 과학자들을 후원한다. 정부의 과학 정책에 영향을 미치며, 과학의 주요 이슈를 사회적으로 부각하는 데에도 공헌한다. 미래의 과학자를 길러 낸다는 취지로 교육 과정 개발이나 과학 교사들을 후원하는 일도 맡고 있다.

보이지 않는 대학

'보일의 법칙'으로 유명한 보일과 그의 동료들은 보일의 누나인 캐서린의 집에 자주 모여 토론하기를 즐겼다. 그들은 스스로 '보이지 않는 대학'이라고 불렀다. 1640년대 중반의 처음 몇 해는 런던의 그레샴 대학에서 과학 실험과 토론을 하곤 하였으나, 1648년부터는 옥스퍼드로 자리를 옮겨 실험과 토론을 이어갔다. 1662년 왕립 학회가 설립되었을 때 보일은 첫 회원이자 학회의 이사가 되었다. 보일은 왕립 학회가 세워진 후 런던으로 이주해 캐서린의 집에 살았는데, 그가 살았던 벌링턴 하우스가 현재 왕립 학회의 본거지이다.

사이언스 투어를 시작하다

왕립 학회 건물은 회원들이 모여 강연과 회의를 하고 사무를 보는 곳으로, 여러 개의 강의실과 사무실, 복도, 화랑 등으로 이루어져 있다. 주로 방과 복도에 걸려 있는 과학자들의 초상화를 통해 왕립 학회의 역사와 과학자들의 업적을 엿볼 수 있었다.

"데이비는 왕립 연구소 교수로 대중 강연을 했고 왕립 학회 회장을 지냈지요. 데이비가 들고 있는 것은 그가 광부들을 위해 고안한 안전등이랍니다."

"영은 로제타 스톤의 해석에도 큰 기여를 했어요."

복도에 있는 초상화를 짚어 가며 가이드의 설명이 이어졌다.

데이비는 전기 분해 방법을 이용해 나트륨과 칼륨, 칼슘, 마그네슘 등

의 알칼리 금속과 알칼리 토금속을 최초로 분리해 낸 뛰어난 과학자였으며, 탄광에서의 가스 폭발 사고를 예방하기 위해 불꽃 주변을 철망과 유리로 둘러싸 외부 공기와 차단한 안전등을 고안한 기술자이기도 했다. 데이비는 귀족적이면서 잘생긴 외모가 돋보였다.

'영'이 고대 이집트 문자를 해독하는 단서가 된 로제타 스톤을 해석했다는 이야기를 듣고는 처음엔 내가 아는 토머스 영1773~1829이 맞는지 반신반의했다. 나중에 알아보니 물리 교과서에 나오는 '영의 간섭 실험'으로 유명한 바로 그 '영'은 10가지 이상의 외국어에 능통했던 언어의 귀재였다고 한다. 그래서 그런 능력을 살려 죽을 때까지 왕립 학회의 외무 간사로 재직했다.

로제타 스톤

대영 박물관에 있는
로제타 스톤

1799년 여름, 나폴레옹이 이끄는 이집트 원정대는 우연히 델타 지대의 북쪽 로제타 하구 근처에서 검은 현무암 비석을 발굴해 냈다. 비석에는 이집트 상형문자와 지방 사투리, 그리고 그리스 문자가 3단으로 새겨져 있었다. 그때까지만 해도 이집트 상형문자는 아무도 해독한 사람이 없었다. 이 비문의 이집트 상형문자와 그리스 문자가 같은 내용을 담고 있다고 추정한 학자들은 두 개를 비교하며 이집트 문자를 해석하는 작업에 들어갔다. 토머스 영이 처음으로 그럴듯한 해석을 내놓았고, 뒤이어 프랑스의 언어학자 샹폴리옹이 완전한 해독에 성공했다. 그 후 고대 이집트 인이 남긴 기록은 차례차례 되살아났다.

로제타 스톤은 이집트 신관들이 왕을 칭송하는 내용을 담은 포고문으로, 우리는 런던 대영 박물관에서 실물을 볼 수 있었다.

로버트 훅의 실험대

복도를 지나 사무실 가운데 하나로 들어섰다.

"이것은 로버트 훅1635~1703이 실험을 했다는 실험대랍니다."

"아, 그래요? 그런데 아까 복도에서 역대 회장 명단을 봤는데요, 왜 훅이 빠졌지요?"

"훅은 보일의 조수로 초창기부터 왕립 학회에 지대한 공헌을 했지만 회장은 아니었어요."

"아……"

훅은 다양한 방면에서 수많은 아이디어를 구현한 실험가였고 왕립 학회를 아마추어 모임에서 전문 과학자 연구 단체로 발전시키는 데 누구보다도 많은 공헌을 한 과학자였으므로 당연히 왕립 학회 회장을 지

냈을 거라고 짐작했던 것이다. 나중에 책을 찾아보니 훅은 보일의 추천으로 왕립 학회의 실험 관리직을 맡아 일하다가 이후 비서가 되었다. 가난한 집안 출신에 외모도 보잘것없었던 훅이 회장을 맡는 것이 당시 환경에서는 무리였겠다는 생각이 들었다.

왕립 학회에서는 매주 과학자들이 모여 자신의 연구를 발표했는데, 귀족 출신의 과학자들을 대신해서 실험 장비를 다루고 실험을 시연하고 설명하는 것이 훅의 주된 업무였다. 훅은 매주 대여섯 가지의 주제를 발표할 정도로 왕립 학회를 위해 열심히 일했다고 한다. 그가 수많은 실험을 대신 시연한 바로 그 실험대라고 하니 예사롭게 보이지 않았다. 사진을 찍어도 되냐고 물었더니 선선히 허락을 해 주었다. 눈치를 보느라

훅의 실험대. 훅은 이 실험대에서 과학자들을 대신해서 많은 실험을 시연했다.

이때까지 사진을 찍지 못했는데, 앞서 지나온 것들을 놓친 것이 너무 아까웠다.

회원이 되기까지

이어 연례 회의가 열린다는 홀로 들어섰다.

현재 왕립 학회의 회원은 정회원이 44명, 외국 회원이 6명, 과학 공헌자 1명이다. 회원은 다시 회장과 비서, 그리고 일반 회원으로 구분할 수 있다. 예전에는 학회에 가입할 때 별다른 형식이 없었는데 1731년에 입

연례 회의실(Welcome Trust Lecture Hall). 왕립 학회 역대 회장들의 초상화가 걸려 있다.

회 원서 양식이 생겼다고 한다. 입회 원서에는 주요 업적을 기록해야 하고 지지자 서명이 들어간다.

회원으로 뽑히면 이곳에서 열리는 연례 회의에서 회장이 그 사람을 받아들이는 이유를 낭독하고 새 회원과 회장이 악수하는 절차를 거친다.

과학 공헌자의 경우, 과학자는 아니지만 《네이처》 편집자나 과학 교육자 등 과학에 대한 공헌이 큰 사람으로 선출된다고 한다. 과학을 대중

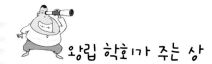

왕립 학회가 주는 상

왕립 학회에서는 주제에 따라 코플리 메달, 왕립 메달, 데이비 메달, 다윈 메달 등 다양한 상을 수여한다. 가장 오래된 상은 코플리 메달로, 코플리 경이 상금을 기탁하여 1731년부터 수여했는데 우리가 아는 유명한 과학자는 대부분 이 상을 받았을 정도로 권위가 있다. 대표적인 수상자로는 벤저민 프랭클린(1753), 패러데이(1832), 아인슈타인(1925), 막스 클랑크(1929), 도로시 호지킨(1976), 크로토(2004) 등이 있다. 재미있는 사실은 선장이자 탐험가였던 제임스 쿡도 이 상을 받았다는 것. 그는 남태평양의 여러 섬을 탐험하여 새로운 동식물의 표본을 수집하고 남극해를 최초로 항해했으며, 크로노미터를 이용한 경도 측정을 시도한 점을 인정받아 코플리 메달을 받았다.

여왕의 메달이라고도 불리는 왕립 메달(The Royal Medals)은 해마다 물리, 생물 분야와 응용 과학 분야에 뛰어난 업적을 이룬 사람에게 수여한다. 토머스 헨리 헉슬리(1852), 찰스 다윈(1853), 프레더릭 생어(1969), 크릭(1972), 코지(2002) 등이 이 상을 받았다.

특히 눈에 띄는 상으로 왕립 학회 로잘린드 프랭클린 상이 있다. DNA 회절 사진을 찍었으나 요절하고 만 비운의 여성 과학자의 이름을 딴 이 상은 과학 기술 분야에 뛰어난 공헌을 한 과학자에게 수여되는데, 수상 후보자에게 자신이 속한 연구 기관에서 여성의 경력에 도움이 될 만한 프로젝트를 제안하도록 한다. 그리고 수상했을 경우 상금의 일부를 그 프로젝트에 쓰도록 권유한다.

이나 학생들에게 알리는 일도 중요하다는 것을 학회가 인정해 준다는 뜻이다.

별로 특별한 것은 없는 방이지만 벽에는 역대 회장들의 초상화가 쭉 걸려 있어 왕립 학회의 권위를 말해 주고 있었다.

뉴턴과 다윈을 풍자하다

홀을 나와 통로로 이어진 옆 건물로 들어섰다. 여기는 과학자를 위한 화랑과 같은 곳인데 어떤 곳은 청동으로, 어떤 곳은 캐리커처로, 어떤 곳은 사진으로 과학자의 초상을 전시해 놓았다.

훅의 무덤을 미친 듯이 파헤치고 있는 뉴턴의 머리 위로 뉴턴의 초상화가 떨어지는 캐리커처가 가장 먼저 눈에 들어왔다. 뉴턴과 훅은 서로 사이가 좋지 않았으며, 선배인 훅이 죽은 후 왕립 학회의 회장이 된 뉴턴이 철저하게 그의 업적을 파괴했다는 이야기는 과학사에서 유명하다.

지금도 뉴턴의 유명세에 가려 세포의 발견자나 탄성의 법칙의 발견자로만 기억되는 로버트 훅은 사실 역학 연구에 있어서도 뉴턴과 활발하게 의견을 주고받으며 공방을 벌였다. 그는 매우 다양한 분야에서 업적을 남겼다. 특히 그의 책《마이크로그라피아》는 과학사에서 가장 중요한 책 중 하나로 손꼽힌다. 이 책에서 그는 자신이 발명한 복합 현미경을 설명하고 현미경으로 관찰한 것들을 아름다운 그림과 함께 보여

¹훅의 무덤을 파헤치는 뉴턴. 증오에 눈이 멀어 기괴해진 뉴턴과 초상화 속의 근엄한 뉴턴의 모습이 무척 대조적이다. ²다윈과 에덴 동산. 다윈을 희화화하고 아담과 이브를 원숭이로 표현했다. ³디랙의 청동상. 디랙은 양자 역학에 대한 연구로 1933년 슈뢰딩거와 함께 노벨상을 수상하였다. ⁴왕립 학회 최초의 여성 회원인 도로시 호지킨 ⁵왓슨과 크릭, 그리고 그들이 만든 DNA 모형. 1953년 캐번디시 연구소에서 찍은 사진이다. ⁶훅의 뒤를 이어 왕립 학회 비서직을 지낸 리처드 월러가 훅의 업적과 일생 등에 대하여 쓴 책. 훅의 사후에 출판되었다. 이 책에는 1680년 출현한 혜성을 본 훅이 자신의 연구 분야를 빛에 대한 이론을 세우고 설명하는 것으로 바꾸었다는 내용도 포함되어 있다.

주었다. 그는 화가가 되려다 경제적인 이유로 포기했을 정도로 그림에도 소질이 있었다. 그 밖에도 훅은 세포라는 이름을 처음 사용하였고 빛의 파동설, 탄성의 법칙에서도 뛰어난 연구 성과를 올렸다.

훅의 영향력이 컸던 시절에는 그에 대한 증오를 감추고 있던 뉴턴이 그가 죽고 나자 일방적으로 깎아내렸다는 것은 뉴턴의 인격에 문제가 있음을 시사한다.

'음, 훅을 깎아내린 결과는 결국 뉴턴 자신의 인격을 추락시킨 꼴이라는 얘기군. 그런데 이런 캐리커처가 뉴턴이 24년간이나 회장으로 장기 집권한 왕립 학회에 걸려 있다니……!'

그런데 정말 뉴턴의 영향인지 왕립 학회에는 훅의 초상화가 하나도 남아 있지 않았다. 두 사람은 개인적으로는 원수지간이었지만 왕립 학회를 영향력 있는 기관으로 발전시키는 데에는 다른 누구보다 큰 공을 세웠다.

그 밖의 캐리커처로는 다윈에 대한 조롱을 담아 에덴 동산의 아담과 이브를 원숭이로 풍자해 표현한 것이 눈에 띄었다. 당시 창조론자들은 인간의 조상이 원숭이란 말이냐며 진화론을 공격했다.

비교적 현대의 과학자들은 주로 사진으로 전시되어 있는데, 그중에 왕립 학회 최초의 여성 회원이었던 화학자 도로시 호지킨1910~1994의 사진과 DNA 이중 나선 구조를 밝힌 왓슨과 크릭의 사진도 있었다. 도로시는 X선 분석을 통해 페니실린의 구조를 밝혀냈고, 그 공로로 1947년 왕립 학회 회원으로 선출되었다. 그 이후에도 X선 분석의 1인자로서 비타민 B12의 구조를 밝혔으며, 1964년 노벨 화학상을 수상하였다.

가이드와 함께. 뒤편에 왕립 학회 역대 회장 명단이 보인다. 유명한 과학자로 뉴턴, 캘빈, 톰슨, 러더퍼드 등의 이름을 찾을 수 있다.

화랑 한편에는 로버트 훅의 자료를 모아 놓았고, 벤저민 프랭클린 1706~1790의 특별전도 열리고 있었다. 우리가 미국인이라고 알고 있는 벤저민 프랭클린도 왕립 학회 회원이었다고 한다.

"벤저민 프랭클린은 외국 회원이었나요?"라고 가이드에게 물으니 "아뇨, 프랭클린이 회원이 되었을 때는 미국의 독립 전쟁 전이었으니 그는 본래 영국인이지요."라는 대답이 돌아왔다.

"자, 이제 제 설명은 끝났으니 자유롭게 더 둘러보셔도 됩니다."

"정말 고맙습니다. 친절한 설명 덕분에 도움이 많이 되었습니다."

들어가지도 못할 뻔했는데 사진도 찍고 이런 저런 설명도 들을 수 있어서 참 뿌듯했다. 그리고 1시간이 넘게 정확한 발음의 영국식 영어로 친절하게 설명해 준 할머니 가이드가 정말 고마웠다.

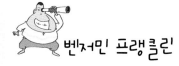

벤저민 프랭클린

벤저민 프랭클린은 영국의 과학자인 프리스틀리와 오랫동안 친분을 쌓았고 과학자이자 발명가, 사상가, 정치가로서 왕성한 활동을 했다.

그의 과학적인 업적을 살펴보면, 우선 전기에 대한 연구와 피뢰침의 발명을 들 수 있다. 프랭클린은 번개의 성질이 전기와 비슷하다고 생각하고 번개를 라이덴병에 모으는 실험을 하였다. 번개가 치는 날 연을 띄우고 라이덴병의 금속 막대 끝에 연실을 연결하여 구름의 전기를 모은 것이다. 매우 위험한 실험이었지만, 그는 이 실험을 통해 번개가 전기임을 증명하고 피뢰침을 발명하였다. 철사의 한끝을 높은 건물의 꼭대기에 나오도록 하고 다른 끝은 땅에 묻히게 설치함으로써 번개가 피뢰침을 통하여 땅속으로 지나가게 한 것이다.

프랭클린은 전기에 대한 선구적인 연구를 인정받아 왕립 학회 회원이 되었고, 난로와 원시·근시 겸용 안경을 발명하기도 했다. 지금은 미국에서 가장 비싼 100달러 지폐의 주인공으로 사랑받고 있다.

트라팔가 광장과 가까운 시내 중심가에 벤저민 프랭클린이 살았던 집이 보존되어 있다. 하지만 비싼 입장료를 내고 안에 들어갈 필요는 없다. 그가 살았던 방이나 실험 기구가 보존되어 있으리라 기대하고 찾아갔다가 아무것도 없어 실망만 했으니까. 대신 프랭클린에 관한 짧은 연극을 보여 준다.

벤저민 프랭클린 하우스

우리 과학계를 생각하다

왕립 학회는 과학자가 전문가 집단으로 우대받고 사회적으로 존경받는 직업이 되는 데 크게 기여했고 과학자들이 자유롭게 연구하도록 지

원해 왔다. 과학 기술과 사회를 이어 주는 통로 역할을 충실하게 해 왔
으며, 지금은 영국의 오랜 과학 전통을 지켜 나가는 장소로도 그 기능을
다 하고 있다.

우리나라에도 수많은 학회가 있어 과학 연구를 지원하고 있지만, 자
랑스러운 과학 전통을 보전해 줄 왕립 학회 같은 모델이 나오기에는 아
직 역사가 짧은 것 같다.

우리도 지금보다 과학자의 위상이 높아지고 학회가 활성화되어 과학
자가 사회에 기여할 수 있는 부분이 늘어나면, 현재 사회 문제가 되고
있는 이공계 기피 현상에 대해서도 해결의 실마리를 찾을 수 있을 것이
다. 과학자라는 이름으로 사회에서 존경을 받고 올바른 과학 정책을 수
립하는 데 참여하며, 대중과 자라나는 청소년들에게 과학의 중요성을

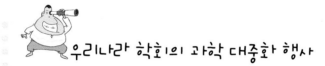

우리나라 학회의 과학 대중화 행사

우리 4명의 선생님들은 신과람 교사로 활동하면서 수많은 과학 대중화 행사에 참가했
는데, 학회에서 주관하는 행사들도 많이 경험할 수 있었다. 매년 여름에 열리는 대한민
국 과학 축전에는 '이공계 진로 안내 엑스포' 행사장이 따로 마련된다. 20개가 넘는 과
학 관련 학회들이 부스를 마련해 청소년들에게 전공 분야와 관련된 실험을 시연하고 진
로 상담을 해 준다. 대한 화학회에서는 매년 가을, 교사 단체나 대학과 연계하여 '화학
쇼크전'이라는 행사를 연다. 시청 앞 광장이나 대학로 등에서 과학 쇼를 보여 주고 실험
부스를 운영한다. 2005년에는 물리학의 해를 맞아 한국물리학회가 주관한 행사가 많
이 열렸고, 2006년에는 화학의 해를 맞아 대한화학회가, 2007년에는 생물학의 해를
맞아 한국생물과학협회가 풍성한 행사를 진행했다.

알리는 데 앞장서는 과학자 단체가 늘어나기를 기대해 본다. 그래서 과학자를 꿈꾸는 청소년들에게 비전을 제시하고 멘토가 되어 주기를 바란다. 언젠가는 장영실, 정약용, 우장춘, 이휘소의 초상화가 걸린 복도를 걸으며 우리나라의 과학이 발전하기까지 애쓴 수많은 이들의 숨결을 느낄 수 있기를…… 학생

왕립 학회 찾아가기

홈페이지 ▶	www.royalsoc.ac.uk
주　　소 ▶	6-9 Carlton House Terrace, London SW1Y 5AG
교 통 편 ▶	런던 Piccadilly Circus 역에서 도보 5분
개관 시간 ▶	월~금요일 10:00~17:00. 예약 필수
입 장 료 ▶	무료

그린이 **정훈이**

만화가. 1995년 만화 잡지 《영 챔프》가 주관한 신인 만화 공모전에서 입상하면서 데뷔했다. 그해부터 현재까지 《씨네 21》에 영화 패러디 만화를 연재하고 있다. 그린 책으로는 《정훈이의 내 멋대로 시네마》, 《정훈이의 뒹굴뒹굴 안방극장》, 《트러블 삼국지》, 《거짓말 심리 백서》, 《너 그거 아니?》 등이 있다. 2000년부터 2003년까지 성덕대학 만화 애니메이션 & 디자인 학과에서 스토리 구성에 관한 강의를 하였다.

과학 선생님, 영국 가다

첫판 1쇄 펴낸날 2007년 10월 12일
　　11쇄 펴낸날 2017년 6월 7일

지은이 한문정 김태일 김현빈 이봉우　**그린이** 정훈이
발행인 김혜경　**편집인** 김수진
주니어 본부장 박창희
편집 진원지 김채은
디자인 전윤정
마케팅 정주열
경영지원국장 안정숙
회계 임옥희 양여진 김주연

펴낸곳 (주)도서출판 푸른숲
출판등록 2002년 7월 5일 제 406-2003-032호
주소 경기도 파주시 회동길 57-9 파주출판도시 푸른숲 빌딩, 우편번호 10881
전화 031)955-1410　팩스 031)955-1405
홈페이지 www.prunsoop.co.kr　이메일 psoopjr@prunsoop.co.kr

ⓒ 푸른숲, 2007

ISBN 978-89-7184-751-0 44400
　　978-89-7184-390-1 (세트)

푸른숲주니어는 푸른숲의 유아·어린이·청소년 책 전문 브랜드입니다.

이 도서의 국립중앙도서관 출판예정도서목록(CIP)은 서지정보유통지원시스템 홈페이지(http://seoji.nl.go.kr)와 국가자료공동목록시스템(http://www.nl.go.kr/kolisnet)에서 이용하실 수 있습니다. (CIP제어번호:CIP2007003000)